百大企業經理人必學的
財報獲利課

FINANCIAL
INTELLIGENCE
A Manager's Guide to
Knowing What the
Numbers Really Mean

Revised Edition

暢銷20年商管巨作！
頂尖企業顧問教你看懂財報的33個關鍵，
打造真正能賺錢的公司

凱倫・伯曼 Karen Berman
喬・奈特 Joe Knight
約翰・凱斯 John Case 著
呂佩憶 譯

百大企業經理人必學的財報獲利課
CONTENTS

推薦序　AI 時代的財務思維：
　　　　用數字為組織打造永續價值／許恩得　　　7

前　言　提高財務智商，就能有效提升企業績效　　11

Part 1
財務是量化公司業績的藝術

第 1 章　財務數字中的操作空間　　18
第 2 章　找出假設、估計和偏差　　26
第 3 章　財務智商是解讀公司績效的最佳工具　　34
第 4 章　理解會計師的思考邏輯　　46

Part 1 知識補給站
用財務智商達成工作上的期望／參與者和他們的工作／
上市公司的報告責任　　58

Part 2
財務三表之一：損益表

第 5 章　損益表的獲利是估計值　　64
第 6 章　破解損益表的密碼　　70
第 7 章　認列時機會改變損益表的營收　　80

| 第 8 章 | 成本與營運支出中藏有細節 | 88 |
| 第 9 章 | 比較不同名目的利潤計算方式 | 103 |

Part 2 知識補給站

了解差異／非營利組織的獲利／
快速回顧:「百分比」和「百分比變化」　　114

Part 3
財務三表之二：資產負債表

第10章	資產負債表的基礎原理	118
第11章	總資產包含的項目	126
第12章	負債與權益包含的項目	140
第13章	為什麼資產負債表會借貸平衡	146
第14章	損益表與資產負債表的連帶關係	150

Part 3 知識補給站

辨別成本與營運支出／「按市價計價」規則與金融危機　　156

Part 4
財務三表之三：現金流量表

第15章	巴菲特最重視的現金	162
第16章	獲利不等於現金	167
第17章	現金流量表的基礎原理	175
第18章	現金是企業存活的關鍵	180
第19章	理解現金概念的三大好處	192

Part 4 知識補給站

自由現金流／即使是大公司也可能耗盡現金　　　　　　　　196

Part 5
比率是速查公司現狀的最佳工具

第20章	比率提供比較的基礎	200
第21章	用獲利能力比率評估公司成長性	208
第22章	用槓桿比率確認公司財務平衡度	219
第23章	用流動比率衡量公司償債能力	223
第24章	效率比是影響公司現金的關鍵	226
第25章	投資人最關注的五種比率數字	234

Part 5 知識補給站

哪些比率對你的業務最重要？／營收百分比的力量／
用比率找出影響績效的關鍵／留意計算方式的細節　　　242

Part 6
剖析投資報酬率

第26章	分析資本支出的三個關鍵數字	248
第27章	投資報酬率的三種計算方式	256

Part 6 知識補給站

分析資本支出的步驟指南／計算資金成本／
經濟附加值和經濟獲利的基本概念　　　　　　　　　　273

Part 7
管理企業的營運資金

第28章	管理資產負債表	282
第29章	管理企業的槓桿比率	287
第30章	管理現金轉換周期	293

Part 7 知識補給站

應收帳款帳齡　　　　　　　　　　　　　　299

Part 8
財務智商是提高信任感的終極解方

第31章	財務智商直接影響企業績效	302
第32章	提升公司內部的財務智商	309
第33章	財務透明：我們的終極目標	319

Part 8 知識補給站

沙班氏　歐克斯利法案　　　　　　　　　　321

附錄　財務資料範例　　　　　　　　　　　323
附計　　　　　　　　　　　　　　　　　　327
致謝　　　　　　　　　　　　　　　　　　329

推薦序

AI時代的財務思維：
用數字為組織打造永續價值

許恩得　東海大學會計學系教授兼校長特別助理

兩年前，我在東海大學擔任 EMBA 主任時，邀請曾任台積電財務長、業務資深副總及人資長的何麗梅來演講。她提到，作為財務長最重要的貢獻，便是提供攸關且可靠的財務資訊，幫助各部門主管做出正確的關鍵決策。這提醒我，多年前我擔任東海會計系主任兼所長時，也曾邀請任職台積電會計處長的陳及佑學長返校演講，分享他對張忠謀董事長「會計能力」的敬佩：當一位領導者懂財務、看得懂報表，就能精準判斷市場風險與資源配置，帶領企業穩健成長。

事實上，會計與財務早已不僅止於「管錢」或「記帳」。精確掌握營收、成本、獲利結構，再配合嚴謹分析與預測，往往是企業在研發投資、產能擴充、國際併購等重大決策的成功關鍵。財務長所提供的資訊猶如一面真實鏡子，讓管理團隊得以聚焦核心目標、調度資源與控管風險。

這段小插曲，恰好點出了本書的核心——熟悉財報的知識，不再只是會計部門或財務長的專利，而是每一位在企業裡努力耕耘的人都應該具備的基本能力。

《百大企業經理人必學的財報獲利課》正是一本能帶領讀者走出「看不懂財務數字，就只能依賴別人」迷思的指南。

它的特色與價值，可以歸納為以下幾點：

一、跳脫枯燥的「會計教科書」印象

本書不是單純灌輸繁複的借貸概念或會計理論，而是透過實務案例、清晰易懂的解釋，引導讀者理解財報背後的藝術與思維。像是在談「獲利與現金的差異」時，就點出除了損益表，還必須重視現金流量表的重要原因：公司雖然帳面上有盈餘，若客戶延遲付款、成本支出時間錯配，現金隨時有短缺的風險。

二、兼顧初學者與管理層的需求

全書從「基礎財務知識」到「深入的比率、投資報酬率分析」，層層遞進。初學者可以藉由每章知識補給站、簡易圖表獲得入門所需；而公司主管或已熟悉管理的人，則能直接聚焦在比率運用、投資評估方法等章節，加強在做決策時的精算與判斷。

三、可立即應用於企業運營

其中，分析營運資金管理、營收認列方式、現金流量等議題，皆以「如何優化企業日常運作」為導向，不只是概念，更是能夠落地執行的方法論。只要在公司內部運用書中提及的思考步驟，比方對「折舊費用」或「一次性費用」做客觀

評估，就更能掌握企業實際獲利表現。

在 AI 快速成長的時代，財務智商更被提升到另一個層次。企業運用 AI 做出種種智慧分析時，最終還是必須回歸到人腦進行決策判斷。有了人工智慧工具，我們雖能更迅速地收集大量數字並加以預測，但究竟哪個模型適用？哪些參數需要審核或調整？這些問題都需要深刻理解財報原理，才不會被機器演算法的「表面結論」給誤導。

因此，《百大企業經理人必學的財報獲利課》在當代的意義，不只是協助大家學會判讀三大財務報表，更幫助我們在大數據與 AI 背後，看清真正影響企業獲利與價值的關鍵。當 AI 成為加速器，熟悉財務邏輯的管理者，便能更穩健地帶領企業邁向持續發展。

最後，我誠摯推薦每一位對商業運作感到好奇、或已在職場耕耘的人，都能細讀本書，讓它成為你理解數字背後實況的最佳助手。願每位讀者都能藉由這些財務觀念，讓自己在公司裡有更具體的貢獻，也在 AI 競逐未來的世代裡，立於不敗之地。

前言
提高財務智商，
就能有效提升企業績效

我們與世界各地公司數千名企業員工、經理人和領導者合作，教導他們商業財務方面的知識。我們的理念是，當公司中的每個人都更了解如何衡量財務成功，以及財務如何影響公司的表現時，他們可以工作得更好。我們將這種理解稱為財務智商。我們了解到，更堅實的財務知識可以幫助公司內部人士更加投入和參與。當職員更了解自己參與的是什麼、組織試圖實現什麼，以及他們如何影響結果，信任度就會提升、人員流動會降低、財務績效會改善。

我們透過不同的途徑形成了這一理念。凱倫走的是學術道路。她的博士論文著重於探討員工和經理的資訊分享以及財務理解，是不能對公司的財務績效產生正面影響（答案是：會的）。後來，凱倫成為一名金融培訓師，並創辦了一個組織「商業素養學院」，致力於幫助他人了解金融知識。

老喬取得 MBA（主修財務），但他在組織中的財務培訓經驗主要來自實務方面。在福特汽車公司和幾間小公司工作過一段時間後，他投入新創事業：設定點系統（Setpoint Systems）和設定點公司（Setpoint Inc.），這間公司生產雲霄飛車和工廠自動化設備。他在擔任設定點的財務長（CFO）和業主時，親身體驗到培訓工程師和其他員工，使他們了解

業務運作方式的重要性。2003年，老喬加入凱倫的行列，成為商業素養學院的共同經營者，從那時起，他與數十間公司合作，提供他們財務知識課程。

我們所說的財務智商是什麼意思？這並不是一種與生俱來的能力，你也不需考慮自己是否具備這種天賦。的確有些人比其他人更擅長數字，而一些傳奇人物似乎對財務有一種我們其他人無法理解的直覺。然而，這並非本書的主旨。對大多數商務人士（包括我們自己）來說，財務智商就只是一套可以學習的技能。從事財務工作的人很早就掌握了這些技能，並且在整個職業生涯中能夠用一種專門的語言相互交談，對於外行人來說，這種語言聽起來就像希臘語一樣難懂。大多數（不是全部）高階主管若不是出身於財務部門，就是在晉升過程中掌握了相關技能，因為除非你知道財務人員在說什麼，否則經營一間企業是很困難的。而不從事財務工作的管理者則常常運氣不佳。他們從未學習過這些技能，因此在某些方面就被邊緣化了。

根本上來說，財務智商歸結為四種不同的技能，當你讀完本書時，你應該能夠勝任全部這些技能。這些分別是：

- **了解基礎**。具備財務智商的經理人了解財務指標的基礎知識。他們懂得如何閱讀損益表、資產負債表和現金流量表。他們知道獲利和現金之間的差異。他們明白為什麼資產負債表會平衡。他們既不害怕這些數字，也不會感到困惑。

- **了解這門藝術**。財務和會計是一門科學，同時也是藝術。這兩個學科必須嘗試量化那些並非總是可以量化的東西，因此必須依賴規則、估計和假設。具備財務智商的經理人能夠看得出來哪些數字運用了財務與會計的技巧，而且他們也知道以不同的方式應用這些技巧可能會導致不同的結論。因此，他們準備在適當的時候質疑和挑戰這些數字。

- **了解分析**。一旦你具備了財務藝術的基礎和鑑賞力，就可以使用這些資訊來更深入分析數字。具備財務智商的經理人不會因為比率、投資報酬率（ROI）分析而退縮。他們使用這些分析來為決策提供資訊，並做出更好的決策。

- **了解全局**。最後，雖然我們教的是財務，而且我們認為每個人都應該了解公司的財務資料，但我們同樣堅信數字不能也不會說明全局。企業的財務結果一定要根據整體的情況來理解，也就是在全局的框架內理解。經濟、競爭環境、法規、不斷變化的客戶需求和期望以及新技術，各種因素都會影響你解讀數字和做出決策的方式。

但是財務智商並不止於書本學習。與大多數學科和技能組合一樣，這不只必須學習，還必須實踐和應用。在實踐方面，我們希望並期待這本書能讓你準備好採取以下行動：

- **說相關的語言**。財務是商業的語言。無論你喜歡與否，每個組織的共同點就是數字，以及如何製表、分析和報告這些數字。你需要使用這種語言，別人才會把你當一回事，並和別人進行有效的溝通。與學習任何新的語言一樣，你不能指望一開始就能流利地使用它。沒關係——開始試一試吧。隨著你的進步，你會變得有信心。

- **提問**。我們希望你以質疑的眼光看待財務報告和分析。這並不是說我們認為你看到的數字一定有什麼問題。我們只是認為，了解你用來做決定的數字的內容、原因和方式非常重要。由於每間公司都不同，有時搞清楚所有參數的唯一方法是提出問題。

- **在你的工作中使用這些資訊**。讀完這本書，你應該了解很多。所以就使用吧！用這些資訊來改善現金流。用來分析下一個大專案。用來評估你公司的績效。你的工作會變得更有趣，你對公司績效的影響也會更大。站在我們的觀點，我們十分樂見員工、經理人和領導者能夠看到財務結果與工作之間的關聯。突然間，他們似乎更了解自己為什麼要執行某一組特定的任務。

為什麼要出第二版？

金融概念每年變化不大，甚至在十年內的變化也不大。我們在 2006 年出版的本書第一版中討論的基本概念和思想，在目前這個版本中是完全相同的。但是我們有充分的理由向讀者介紹原始文本的修訂和擴展的版本。

首先，財務界已經發生了很大的變化。自從本書第一版出版以來，世界經歷了一場與我們的主題直接相關的重大危機。突然之間，談論資產負債表、按市值計價會計和流動性比率的人比以往任何時候都還要多。這場危機還改變了企業內部的討論內容：公司的財務狀況如何，如何以最好的方式評估公司，以及經理人和員工個人需要考慮哪些財務問題。

為了幫助促進這些對話，我們加入了許多新的主題，包括以下：

- 關於一般公認會計原則（GAAP）與非 GAAP 數字的章節。現在有許多公司同時報告 GAAP 和非 GAAP 結果。（你可以在第 4 章中學到什麼是 GAAP 和非 GAAP 數字，以及這些為什麼重要。）

- 研究市場如何評估公司的章節（第 25 章）。與其他泡沫和崩盤一樣，金融危機提供了我們新的見解，以了解哪些指標對於了解公司的財務績效最有幫助（和最沒有幫助）。

- 有關投資報酬率（ROI）的許多其他資訊，包括有關獲利能力指數的部分、對資本成本的討論以及投資報酬率分析範例。

我們還收集了來自世界各地數千名閱讀前一版的人，以及在培訓課程中使用前一版的客戶的意見回應。根據這些回應，我們增加了幾個新概念，例如邊際貢獻、匯率對獲利能力的影響，以及經濟附加值（EVA）。我們討論了預訂和訂單積壓、遞延收入和淨資產報酬率（RONA）。我們認為這些內容能讓這本書更實用。

最後，我們新增了有關如何提高整間公司的財務智商的其他資訊。在我們的培訓業務中，我們與許多公司合作，包括數十間《財星》500大企業，這些公司都相信這是員工、經理人和領導者教育的必要部分。

因此，這本書將支持你的財務智商的發展。我們希望讀者會感受到我們的經驗和建議很有價值。我們希望它能讓你在個人和專業方面更成功，也希望能幫助你的公司更成功。但最重要的是，我們認為讀完這本書後，你會更有動力、更感興趣，對理解公司全新的一面感到更興奮。

Part
1

財務是量化公司業績的藝術

第 1 章

財務數字中的操作空間

如果你經常看新聞,近年來你就會發現有很多新聞是關於人們偽造公司帳目的奇妙方法。他們捏造銷售業績、隱藏開支、將一些財產和債務隔離在一個被稱為資產負債表外項目的神祕地方。有些技巧非常簡單,比如幾年前有間軟體公司,在季度結束之前寄出空紙箱給客戶來提高營收。(當然,客戶把紙箱寄回來了,但寄回的時間已經是下一個季度了。)其他技巧甚至複雜到幾乎無法理解的地步。(還記得安隆嗎?會計師和檢察官花了好幾年的時間才釐清這間破產公司的所有虛假交易。)只要這個地球上還有騙子和小偷,他們就絕對會想方設法欺騙和挪用公款。

但也許你也注意到了關於神祕的財務界的其他一些東西;也就是說,許多公司找到完全合法的方法來使他們的帳目看起來比其他方式更好。是的,這些合法工具不如徹頭徹尾的作假那麼強大:無法讓破產的公司看起來像是一家賺錢的公司,或至少不會持續太久。但他們可以做的事實在是太神奇了。例如,一種稱為「一次性費用」的小技術,讓公司將一大堆壞消息塞進一季的財務業績中,這樣能讓未來幾季

看起來更好；或是將費用從一個類別調整到另一個類別，可以改善公司的季度獲利情況並提振其股價。不久前，《華爾街日報》（*Wall Street Journal*）在頭版刊登了一篇報導，介紹企業如何透過減少退休人員福利累積來提升獲利——但是他們可能不會在這些福利上少花一分錢。

任何非財務領域專業人士的人，都可能會對這種做法感到某種程度的神祕感。商業中的其他一切——行銷、研發、人力資源管理、策略制定等等——顯然是主觀的，要視經驗、判斷和資料而定。但是財務呢？會計呢？這些部門產生的數字是客觀的、黑白分明、無可爭辯的。當然，一間公司賣了產品、花了錢、賺了錢。就算可能涉及作假，除非公司真的寄出空的箱子，否則其高階經理人怎麼可能如此輕易地讓事情看起來與實際情況如此不同？如果不是作假，他們怎麼能如此輕易地操縱企業的獲利呢？

財務的藝術

事實是，就像所有其他商業學科一樣，會計和財務確實既是一門藝術，也是一門科學。你可以稱之為財務長或會計長的隱藏祕密，但其實這並不是真正的祕密，而是一個廣為人知的事實，財務界的每個人都知道。問題在於，我們其他人總是會忘記。我們認為，財務報表或財務部門向經營團隊提交的報告中的數字，一定是精確地代表現實情況。

當然，其實這並非總是正確的，因為即使是會計師也無法知道所有事。他們無法確切知道公司中每個人每天都在做

什麼,因此他們不知道如何分配成本。他們無法確切知道一台設備可以使用多久,因此他們不知道在任何一年應該認列多少原始成本。**會計和財務的藝術是使用有限的資料,盡可能準確地描述公司表現。會計和財務不是現實,而是現實的反映,而這種反映是否精確,則要視會計師和財務專業人員做出合理假設和計算合理估計的能力而定。**

這是一項艱難的工作。有時,他們必須把不容易量化的東西給量化。有時候,他們必須對於如何對特定項目進行分類做出艱難的判斷。這些複雜情況並不一定表示會計師和財務人員正在想辦法作假帳,或是他們無能為力。之所以出現複雜性,是因為他們必須持續對業務的數字做出有根據的猜測。

這些假設和估計的結果通常是數字上的偏差。請不要以為我們用偏差(bias)這個詞是在質疑任何人的誠信。(我們一些最好的朋友是會計師——是真的——本書其中一位作者名叫喬,他的名片上就印著「財務長」的頭銜。)就財務結果而言,偏差只代表數字可能會向一個方向或另一個方向傾斜,這要視編製和解釋這些結果的人的背景或經驗而定。同時也表示會計師和財務專業人士在整理報告時使用了某些假設和估計,而不是其他假設和估計。使你能夠理解這種偏差,在必要時糾正它,甚至利用它來為你自己(和你的公司)獲取利益,是本書的目標之一。要理解財務,你必須知道要問什麼問題。有了你收集的資訊後,你就可以做出明智的、深思熟慮的決策。

定義方塊

我們想要讓財務盡可能簡單。在讀大多數財務書籍時，我們都得在正在閱讀的頁面和詞彙表之間翻來翻去，設法了解我們不知道的某個詞的定義。等我們找到定義然後回到原本那一頁時，已經忘了剛才在想什麼了。所以在本書中，我們將在你需要的地方，也就是第一次使用某個詞的時候，就在旁邊提供定義。

財報中的主觀判斷

以下要舉的一個例子，是許多人以為不需估計、實際上卻經常需要估計的變數：營收（銷售額）。這是指公司在某段時期內向客戶銷售的產品的價值。你會以為這是一個很容易確定的數字。但問題是，什麼時候應該記錄營收（會計師不會說「記錄」，他們喜歡說「認列」）？以下是一些可能的時間：

- 簽訂合約時
- 交付產品或服務時
- 寄出發票時
- 帳單支付時

如果你說是「當產品或服務交付時」，那你就說對了。正如我們將在第7章看到的，這是決定銷售何時應出現在損

益表上的基本規則。不過,這個規則並不簡單。這麼做需要做出一些假設,事實上,「銷售在什麼時候成立?」這件事,是許多作假帳案件的關鍵。根據德勤法證中心(Deloitte Forensic Center)在 2007 年的一項研究,美國證券交易委員會在 2000 年至 2006 年期間追查的作假帳案件中,有 41% 涉及收入認列。[1]

損益表

損益表顯示一段時間(例如一個月、一季或一年)的營收、支出和獲利。損益表的英文也被稱為 profit and loss statement、P&L、statement of earnings,或是 statement of operations。有時候這些詞的前面會有合併(consolidated)這個詞,但仍然只是一份損益表。損益表的最下方是淨利,也稱為淨收入或淨收益。

例如,想像一下,一間公司向客戶出售一部影印機並附有維護合約,全都包含在一個完整的財務方案中。假設機器在 10 月時交付,但維護合約的效力延續到接下來的 12 個月。10 月份的帳簿上應該記錄多少初始購買價格?畢竟公司還沒有提供這一年內應負責的所有服務。當然,會計師可以估計這些服務的價值,並根據這一點來調整營收。但這需要做出重要的判斷。

這個例子也不只是個假設而已。全錄公司（Xerox）幾年前玩了大規模的營收認列遊戲，後來被發現不當地認列高達 60 億美元的營收。問題是什麼？全錄公司以四年的租約銷售設備，包括服務和維護。那麼，價格中有多少是設備的成本，又有多少是後續服務的費用呢？由於擔心公司獲利下滑會導致其股價暴跌，全錄的經營團隊當時決定，提前確認占比愈來愈高的預期營收以及相關獲利。後來，這些合約的幾乎所有營收都在出售時就被認列了。

全錄顯然迷失了方向，並試圖利用會計來掩蓋其業務問題。但你可以看到重點是：即使還不到直接作假帳的地步，仍然有足夠的操作空間，讓數字看起來有所不同。

營運支出

營運支出是保持業務日常運作所需的成本。包括薪資、福利和保險費用，以及許多其他項目。營運支出列在損益表上，並從營收中減去以計算獲利。

財務藝術的第二個例子——也是另一個經常在財務醜聞中發揮作用的例子——就是判斷某一筆支出是資本支出還是營運支出。（德勤的研究指出，在 2000 年至 2006 年期間，這個問題占作假帳案件的 11%。）我們稍後會介紹所有詳細資訊；現在你只需要知道，營運支出會立即拉低獲利，而資本支出則可以分散到幾個會計期間。這時你就可以看到誘

惑了：等等，你的意思是說，如果我們把這些辦公用品的採購全都稱為「資本支出」，就可以因此提高獲利嗎？

正是這種想法讓 2002 年破產的大型電信公司世界通訊（WorldCom）陷入了非常多的麻煩（詳細資訊，請參閱 Part 3 的知識補給站）。為了防止這種誘惑，會計業和個別公司都有關於哪些項目應該分類到哪裡的規則，但這些規則在很大程度上要視個人的判斷和自由裁量權而定。同樣地，這些判斷會大幅影響公司的獲利，進而影響股價。

我們寫這本書主要是為企業經營者，而不是為投資人寫的。那麼，這些讀者為什麼要擔心這些呢？原因當然是他們使用數字來判斷。你自己根據對公司或營業單位財務狀況的評估，對預算、資本支出、人員配備和其他十幾個項目做出判斷——或是你的老闆會這麼做。如果你不了解這些數字背後的假設和估計，以及這些假設和估計如何在某個方向上影響數字，那麼你的決定可能會是錯誤的。

財務智商代表要了解哪些是「硬的數字」——得到充分支援且相對沒有爭議的；以及哪些是「軟的數字」——高度依賴判斷。更重要的是，外部投資人、銀行、供應商、客戶和其他人會使用你公司的數字，當作決策的基礎。如果你沒有非常理解財務報表，不知道他們在看什麼或為什麼要看，那麼你就只能任由他們擺布了。

資本支出

資本支出是指採購被視為長期投資的項目，例如電腦系統和設備。大多數公司遵循的規則是，任何超過一定金額的採購都屬於資本支出，而任何少於一定金額的採購都算在營運支出裡。營運支出會顯示在損益表上，因而使獲利減少。資本支出會顯示在資產負債表上；只有資本設備的折舊會顯示在損益表上。第 5 章和第 11 章將詳細介紹。

第 2 章

找出假設、估計和偏差

接著我們要更深入了解財務智商當中，關於「財務藝術」的部分。雖然你才剛開始看這本書，但這將為你提供一個寶貴的視角，與接下來將要學習的概念和實踐相關。我們將看三個例子，並提出一些簡單但關鍵的問題：

- 這個數字的假設是什麼？
- 這些數字中是否有任何估計？
- 這些假設和估計會導致什麼偏差？
- 有什麼影響？

我們要看的例子是應計（accrual）、折舊和評價。如果這些字眼聽起來很像財務人士才會懂的奇怪語言，請不要擔心。你會很驚訝地發現，你很快就能理解足夠的內容，讓你繼續看下去。

應計和分攤：很多假設和估計

每個月的某個時間，你知道公司的會計長正忙於「結

帳」。這也是一個財務難題：為什麼做這件事需要這麼長的時間？如果你沒有在財務領域工作過，你可能會認為，大概需要一天的時間才能把月底所有的數字計算出來。但是有可能要用到兩、三個星期嗎？

好吧，需要花費大量時間的一個步驟，是弄清楚所有的應計和分攤。現在沒有必要了解細節——我們將在第11章和第12章中討論這一點。現在請閱讀方塊中的定義，並關注一個事實，那就是會計師使用應計和分攤來試著描繪當月業績的準確樣貌。

畢竟，如果財務報告沒有告訴我們生產上個月銷售的產品和服務的成本，這對任何人都沒有幫助。這就是會計長的下屬正在努力做的事情，這也是為什麼需要這麼長時間編製財務報告的原因之一。

確定應計和分攤幾乎總是需要做出假設和估計。以你的薪水為例，假設你在6月參與一條新產品線的工作，而新產品線在7月時推出。現在，負責判斷分攤的會計師必須估計你的薪資中，有多少應該被列入產品成本（因為你在這些初始產品上花費了大部分時間），以及應該有多少是被列入開發成本（因為你也參與了產品的原始開發）。會計師還必須決定6月和7月的應計。

根據會計師回答這些問題的方式，會大幅改變損益表的樣子。產品成本計入銷貨成本，如果產品的成本上升，毛利就會下降，而毛利是評估產品獲利能力的關鍵指標。但是開發成本屬於研發（R&D），這包含在損益表的營運支出部分，完全不影響毛利。

第2章 找出假設、估計和偏差

應計

「應計」是在特定時間範圍內記錄的收入或支出項目的一部分。舉例來說，產品開發成本可能會分散在多個會計期間，因此每個月都會應計總成本的一部分。應計的目的是要盡可能準確地使某一段時間內的成本與收入相符。

分攤

分攤是將成本分配給公司內的不同部門或活動。舉例來說，執行長的薪資等固定支出成本，通常會分攤給公司的營運部門。

那麼，假設會計師決定你所有的薪資都應該在6月份計入開發成本，而不是7月份的產品成本。會計師的假設是，你的工作與產品的製造沒有直接關係，因此不應被歸類為產品成本。但是，這導致了雙重偏差：

- 首先，開發成本比原本應有的還要高。稍後分析這些成本的高階經理人可能會認為產品開發成本太高，公司不應該再次冒這種風險。在這種情況下，公司可能會減少產品開發，因而危及公司的未來。

- 第二,產品成本低於原本的金額。而這將影響定價和聘雇等關鍵決策。也許產品的價格會定得太低。也許會有更多的人被雇用,以推出看起來會賺錢的產品——但是這些獲利卻是基於一些可疑的假設而計算出來的。

當然,在大多數公司中,單一員工的薪水都不會產生太大的影響。但是,針對單一員工的假設可能會被應用到全公司。套用華府政界一句耳熟能詳的諺語:「這裡一點錢,那裡一點錢,很快的就會變成一大筆錢。」無論如何,這個案例很簡單,你可以很容易看到我們之前提出的問題的答案。數字中的假設是什麼?你的時間都花在開發上,與 7 月份所銷售產品的生產並沒有太大關係。估計值是什麼?你的薪資應該如何分配在開發和產品成本之間。偏差是什麼?較高的開發成本和較低的產品成本。影響是什麼?公司會對高昂的開發成本感到憂心,或者是產品定價可能太低。

誰說財務這一行中沒有辛酸或微妙之處?會計師和財務專業人員要設法盡可能準確地描述公司的業績。同時他們都知道,他們永遠無法得知確切的數字。

對折舊的判斷

第二個例子是折舊的運用。折舊的概念並不複雜。假設一間公司購買了一些昂貴的機器或車輛,預計可以使用好幾年。關於這點,會計師會這樣考慮:我們不應該從單一個月

的營收中扣除全部成本（這麼做可能會使公司或營業單位在當月陷入虧損）而應該將成本分攤到設備的使用壽命中。舉例來說，如果我們認為一部機器可以使用三年，便可以使用一種簡單的折舊方法，每年記錄（「折舊」）三分之一的成本，或每月三十六分之一的成本。比起一次認列所有成本，這種方法比較能夠估計公司在任何一個月份或年份的真實成本。此外，這麼做更可以使設備的費用與其用於產生的收入相符——我們將在第 5 章中詳細探討這個重要的概念。

折舊

　　折舊是會計師用來將設備和其他資產的成本，分配給損益表上顯示的產品和服務總成本的方法。這是根據與應計相同的概念：我們希望使產品和服務的成本與銷售的成本盡可能相符。除土地外，大多數資本投資都會折舊。會計師試圖將支出成本分攤到專案的使用壽命內。Part 2 和 Part 3 中有更多關於折舊的內容。

　　這個理論很有道理。但是實際上，會計師對於一件設備的確切折舊方式有很大的自由裁量權。這種自由裁量權會產生相當大的影響。以航空業為例，幾年前，航空公司發現他們飛機的使用壽命比預期還要長。因此，這個產業的會計師改變了折舊的時程表，以反映更長的使用壽命。如此一來，

他們減少了每個月從營收中扣除的折舊。結果你猜發生了什麼事？

由於航空公司可以延後他們原定的購買新飛機計畫，反映在財報上，使航空業的獲利大幅上升。但是請注意，會計師必須假設他們可以預測一架飛機的使用年限。根據這個判斷（對，這是判斷）使產生的獲利數字向上偏移。同時，這個判斷也造成以下這些影響：投資人決定買進更多股票、航空公司經營團隊認為他們有能力為員工加薪更多，等等。

估值的多種方法

財務藝術的最後一個例子與公司的估值有關，那就是弄清楚一間公司的價值。上市公司當然是每天都受到市場的評估。公司的價值就是股價乘以在外流通股的數量，這個數字稱為市值（market capitalization，簡稱 market cap）。但即便如此，在某些情況下這也不一定能真正代表一間公司的價值。舉例來說，一心想收購某間公司的競爭對手，可能會為目標公司的股票支付溢價，因為目標公司對於競爭對手的價值，高於它在公開市場上的價值。當然，數以百萬計的非上市公司根本無法由市場評估價值。所以在交易時，買賣雙方必須依賴其他估值的方法。

說到財務的藝術：大部分的藝術在於選擇估值方法。不同的方法會產生不同的結果，當然，這表示每種方法都會使數字出現偏差。

假設你的公司提議收購一間封閉式工業閥門製造商。這

與你的業務非常契合──這是一項「策略性」收購──但你的公司應該支付多少錢？你可以看看這間閥門公司的收益（也就是獲利），然後去公開市場，看看市場如何根據收益來評估類似公司。（這稱為本益比法〔price-to-earnings ratio method〕。）或是你可以看看這間閥門公司每年產生多少現金，並把這筆收購看作是買進這筆現金流。

然後，你要使用一些利率來判斷未來現金流在今天的價值。（這是折現現金流量法〔discounted cash flow method〕。）或是你可以查看公司的資產（工廠、設備、庫存等），以及聲譽和客戶名單等無形資產，並估計這些資產的價值（資產評估法〔asset valuation method〕）。

可想而知，每種方法都需要一整套假設和估計。舉例來說，本益比法假設股票市場在某種程度上是理性的，因此它設定的價格是準確的。但是市場當然並不完全是理性的；如果大盤很高，你的目標公司的價值將高於大盤低時的價值。此外，正如我們將在 Part 2 中看到的，這個「收益」數字本身就是一個估計值。所以，你可能會想，我們應該使用折現現金流法。這種方法的問題是，當我們計算這筆現金流的價值時，該如何判斷所使用的利率或折現率？根據我們的設定方式，價格可能會有很大的差異。當然，資產估值方法本身只是對每種資產可能價值的猜測之集合。

如果這些不確定性還不夠的話，你可以回想一下二十世紀末那個令人愉快、令人髮指、令人緊張的時期，也就是網路榮景。雄心勃勃的年輕網路公司如雨後春筍般湧現，接受大量熱情風險投資的滋養和澆灌。但是，當風險投資人將資

金投入某項標的時,他們想知道投資的價值——也就是一間公司的價值。當一間公司剛剛起步時,我們很難知道它的價值。而公司的收益是多少?零。

營運現金流?也是零。資產?少得微不足道。在一般時期,這是風險投資公司不做早期投資的原因之一。但在網路興起的時代,他們放棄保守觀點,採取激進的策略,還用上一種我們只能形容為不尋常的估值方法。他們查看公司職員表上的工程師人數,然後計算了一間公司每月在其網站上獲得的點擊率(「吸睛率」〔eyeballs〕)。我們認識一位精力充沛的年輕執行長,他募到了數百萬美元,而且幾乎完全只是因為他雇用了一大批軟體工程師。不幸的是,不到一年後,我們在這間公司的辦公室外面看到了「招租」的標誌。

網路公司的估值方法現在看起來很愚蠢,不過在當時看起來並沒有那麼糟糕,因為我們對未來知之甚少。但我們在前文中描述的其他方法都是合理的。麻煩的是,每一種方法都有偏差,會導致不同的結果,而且影響非常深遠。公司的交易是根據這些估值進行的,他們根據這些估值取得貸款。如果持有公司的股票,則這支股票的價值取決於適當的估值。我們認為,你的財務智商應該要包括對這些數字計算方式的理解。

第 3 章

財務智商是解讀公司績效的最佳工具

我們到目前為止的討論都很抽象。我們一直在介紹財務藝術,並解釋為什麼理解財務藝術對財務智商來說很重要。現在我們要重新審視一下序言中提出的問題:財務智商的好處。透過一些財務藝術的討論,你可以更深入理解這本書將教給你什麼,以及你會從中獲得什麼。

首先,我們想強調的是,這本書與其他財務書籍不同。了解本書不需要先具備任何財務知識。但本書也不是一本會計初學者用書。我們絕不會用借方和貸方這兩個詞,也永遠不會提到總帳或試算。這本書主旨是培養財務智商,並且幫助讀者了解數字真正的含義。本書不是寫給未來的會計師看的,而是為組織中的人(領導者、經理人、員工)所編寫的,他們需要從財務的角度了解公司正在發生的事情,並且可以使用這些資訊更有效地工作和管理。

你將從本書學習到如何解讀財務報表、如何識別數字中的潛在偏差,以及如何使用報表中的資訊把工作做得更好;你將學習如何計算比率;你將了解投資報酬率(ROI)和營運資金管理,這兩個概念可用於改進你的決策和對組織的影

響。簡而言之，你將提高你的財務智商。

此外，如果你提高自己的財務智商，你很可能會在人群中脫穎而出。我們不久前進行過一項全國性研究，對美國具有代表性的非財務經理人進行了財務概念測試。這些問題都是根據任何公司高階經理人或初級財務人員都會知道的概念。可惜的是，經理們的平均得分只有 38%──無論用任何標準來衡量，這都是一個不及格的分數。

從他們的回答來看，大多數人無法區分獲利和現金。許多人不知道損益表和資產負債表之間的差別。大約 70% 的人無法正確選擇自由現金流的定義，而自由現金流現在是許多華爾街投資人的首選衡量標準[1]。當你讀完本書時，將會了解這些是什麼，以及更多的知識。我們說的脫穎而出就是這個意思。

財務智商的好處

但這不只是在考試中取得好成績的問題；財務智商能為你帶來許多實際的好處。以下是你將獲得的幾項優勢。

提高批判性評估公司的能力

你真的知道你的雇主有沒有足夠的現金可以支付薪資嗎？你知道你所從事的產品或服務到底有沒有賺錢？當涉及到資本支出提案時，投資報酬率分析的數字是否可靠？提升你的財務智商，你就能更深入了解這類問題。或是也許你曾做過噩夢，在夢中你在美國國際集團（AIG）、雷

曼兄弟（Lehman Brothers）或華盛頓互惠銀行（Washington Mutual）這些財務不良甚至是倒閉的公司工作。在這些公司倒閉前，許多員工對公司岌岌可危的處境一無所知。

假設你在1990年代後期在大型電信公司世界通訊（後來稱為MCI）工作，這家公司的策略是透過收購來帶動成長。麻煩的是，公司賺的錢不足以收購它想要的公司。所以世界通訊就把股票當作貨幣，支付給被收購的公司一部分股票。這表示世界通訊必須將股價維持在高價位；否則收購成本就會太高。如果你想維持高股價，獲利最好也保持偏高。此外，世界通訊透過借款來支付收購費用。一間大量借貸的公司也必須維持獲利成長；否則銀行就不會再借錢給公司了。因此，世界通訊在這兩個方面都面臨著公布高獲利的巨大壓力。

當然，這是最後發現的作假帳的根源。正如《商業週刊》（*Business Week*）對司法部的起訴書的總結，該公司「透過各種會計技巧，包括低估費用和將營運成本視為資本支出」，人為提高公司的獲利[2]。當每個人都發現世界通訊並不像它聲稱的那麼賺錢時，整個紙牌屋就倒了。但是就算沒有詐欺行為，世界通訊賺進現金的能力也與公司透過收購實現成長的策略不一致。它可以在一段時間內靠著借貸和存貨生存下來，但無法永遠這麼做。

商譽

當一間公司收購另一間公司時,商譽就會發揮作用。它是收購的淨資產(即資產的公平市價減去負債)與收購公司為它支付的金額之間的差額。舉例來說,如果一間公司的淨資產價值為100萬美元,收購方支付了300萬美元,那麼200萬美元的商譽將進入收購方的資產負債表中。這200萬美元反映了被收購方有形資產中未反映的所有價值,例如其名稱、聲譽等。

資產負債表

資產負債表反映的是在某個時間點的資產、負債和股東權益。換句話說,它顯示了在某個特定日期,公司擁有什麼、欠了什麼以及它的價值。資產負債表之所以被稱為資產負債表,是因為它平衡了資產——資產必須永遠等於負債加上股東權益。一個精通財務的經理知道,所有的財務報表最終都會流向資產負債表。我們將在Part 3中解釋這些概念。

或是看看泰科國際。有一段時間,泰科也是個大收購者。事實上,它在短短兩年內收購了大約600間公司,也就

是每一個工作日收購超過一間公司。這些收購來的公司,使泰科資產負債表上的商譽數字增加到令銀行開始緊張的地步。銀行和投資人不喜歡在資產負債表上看到太多的商譽;他們比較喜歡看得見、摸得到的有形資產(在緊要關頭時可以賣掉)。因此,當泰科可能有一些會計違規行為的消息傳開時,銀行立即阻止該公司進一步收購。於是泰科轉型專注於機能性成長和優秀的經營管理,而不是靠收購;現在公司的財務狀況與其策略相符。

我們並不是說每個熟悉財務的經理人都能夠發現 AIG 或泰科的不穩定局面。許多看似精明的華爾街人士都被這兩間公司愚弄了。不過,多一點知識會給你用來觀察公司趨勢的工具,並且更了解數字背後的故事。**雖然你可能沒有所有的答案,但你應該知道當你沒有答案時該問什麼問題。**評估公司的業績和前景一直都是值得的。你將學會衡量它的表現,並了解如何以最佳的方式支持這些目標,而且你自己也能成功。

更了解數字中的偏差

我們已經討論過許多數字中固有的偏差。但那又怎樣?理解偏差對你有什麼好處?一個非常重要的好處是:它會給你知識和信心(這就是財務智商),來質疑你的財務和會計部門提供的數字。你將能夠識別具體的資料、假設和估計值。當你的決定和行動是建立在穩健的基礎上,你自己會知道──其他人也會知道。

假設你在公司的營運部門工作,並且提議採購一些新設備,你的老闆希望你提出採購的合理性。這表示要從財務部門挖出一些數字,包括機器的現金流分析、營運資金需求和折舊計畫。這些數字都是根據假設和估計──驚訝吧。如果你知道這些是什麼,你可以檢查看看是否有意義。如果不知道,你可以改變假設、修改估計,並整理出一個現實的分析,而且這個分析(希望)能支持你的提案。

　　例如,老喬喜歡分享這個例子:一個精通財務的工程師很容易就可以提出一個分析,顯示他的公司應該為他採購一台價值 5,000 美元的 CAD/CAM 機器,並配備最新的軟體。工程師會認為,由於新電腦的功能和處理速度,讓他每天可以節省一個小時;他會計算出一年內每天一小時的時間價值;而且他馬上就會指出採購這台機器是一件連想都不用想就該去做的事。但是一個財務智商高的老闆會看看這些假設,並提出可能發生的其他狀況,例如因為新的電腦上的所有酷炫新功能,可能會使工程師每天浪費一個小時的工作時數。

　　事實上,令人驚訝的是,一個具備財務知識的經理可以輕易地改變討論的條款,而做出更好的決策。在福特汽車公司工作時,老喬的經歷就突顯了這個教訓,當時他和其他幾個財務人員要向一位資深行銷主管展示財務績效。他們坐下後,主管直視著他們說:「在我打開這些財務報告之前,我需要知道……持續多久,以及溫度幾度?」老喬和其他人不知道他在說什麼。

　　當老喬終於懂之後,他便回答:「是的,在 350℃ 下可以運作兩個小時。」於是主管說:「好,現在我知道你們花

了多少時間研究，我們開始吧。」他是在告訴財務人員，他知道這些數字中有假設和估計，他會提出問題。當他在會議上問到一個特定的數字有多可靠時，他希望財務人員能夠很清楚地解釋這個數字是怎麼來的，以及他們必須做出的假設（如果有假設的話）。然後，主管可以取得這些數字，並用來做出讓他覺得放心的決定。

如果沒有這樣的知識會發生什麼事？很簡單：會計和財務人員會控制決策。我們之所以使用「控制」這個詞，是因為當決策是以數字為主時，當數字是根據會計師的假設和估計時，會計師和財務人員就有了實際的控制權（即使他們並沒有試圖控制任何東西）。這就是為什麼你需要知道該問什麼問題。

使用數字和財務工具來制定和分析決策的能力

那個專案的投資報酬率是多少？我們公司明明在賺錢，為什麼我們不能花錢呢？我不隸屬會計部門，為什麼仍需注意應收帳款？你每天都在問自己這些還有其他問題（或是別人提出這些問題――而且假設你知道答案！）。你應該使用財務知識來做出決策、指導你的下屬，並規劃你部門或公司的未來。我們將向你說明如何做到、舉例解釋，並討論如何處理結果。在此過程中，我們會盡可能少用金融術語。

舉例來說，我們來看看為什麼就算公司在賺錢，財務部門還是可能會叫你不能花錢。

我們就從現金和獲利是不同的基本事實開始。我們將在第 16 章中解釋原因，但現在只要知道基礎知識就好。獲利

是以收入為基礎的。請記住，收入是在交付產品或服務時確認，而不是在支付帳單時確認。因此，損益表的第一行，也就是我們從中減去費用以確定獲利的那一行，通常只不過是一個承諾。客戶尚未付款，因此營收數字並不能反映真實的資金金額，最後一行的獲利數字也一樣。如果一切順利，公司最後會收到應收帳款，並且擁有與這筆獲利相對應的現金，但是還沒收到錢就不算有。

現在假設你正在為一間快速成長的商業服務公司工作。公司以優惠的價格銷售大量服務，因此其營收和獲利很高。公司正在大舉徵才，當然，員工一開始上班，公司就必須支付他們薪資。但是，這些人賺取的所有獲利要到帳單後三十天或六十天才會變成現金！這就是為什麼就算是一間高獲利公司的財務長，有時也會說：「現在不要花錢，因為我們手頭很緊。」

現金

資產負債表上列示的現金是指公司存在銀行裡的錢，加上可以很容易就轉為現金的任何其他東西（如股票和債券）。真的就是這麼簡單。稍後我們將討論現金流量的衡量標準。現在只要知道當公司談論現金時，真的就是在說錢。

雖然這本書的重點是提升你對商業的財務智商，但你也可以應用所學到的知識在個人生活中。你可以考慮買房子、汽車或船的決定，你將獲得的知識也適用於這些決策，或是你打算如何規劃未來並決定如何投資。這本書談的不是投資，而是關於了解公司財務狀況，這將有助於你分析可能的投資機會。

如何使公司受益

我們的日常工作是教授財務素養，（我們希望）提高我們所教導的領導者、經理和員工的財務智商。我們當然認為這對我們的學生來說是一個重要的科目，但是我們在工作中也看到，財務智商提高也能使公司受益。以下是其中的幾個優點。

整個組織的力量與平衡

財務人員是否主導決策？他們不應該這麼做。他們部門的力量應該與營運、行銷、人力資源、客戶服務、資訊技術等力量平衡。如果其他部門的經理不精通財務、不了解如何衡量財務結果，以及如何利用這些結果來嚴謹地評估公司，那麼會計和財務必然占上風。他們對數字所注入的偏差，可能會對決策造成影響，甚至是做出錯誤的決定。

更好的決策

管理者通常會將他們對市場、競爭、客戶等方面的了解

融入決策中。如果他們還能納入財務分析，那麼決策就會更好。我們並不是堅信只有根據數字才能做出決定，但我們確實認為，忽視數字告訴你的資訊是非常不智的。良好的財務分析為管理者提供了一個展望未來的窗戶，並幫助他們做出更明智、更符合現狀的選擇。

更緊密的協調

想像一下，如果每個人都具備公司的財務知識，那麼你的組織會有多大的力量。每個人都可能依照策略和目標進行工作；每個人都可以透過團隊工作，以實現穩健的獲利能力和現金流；每個人都可能用商業語言進行交流，而不是透過人事惡鬥來奪取職位。很不錯吧。

掌握財務知識的障礙

我們從與很多人和公司合作的經驗中得知，雖然大家想要的結果或許很美好，但是並不容易實現。事實上，我們遇到了幾個可預測的障礙，包括個人和組織方面。

有一個障礙可能是你討厭數學、害怕數學、不想算數學。不是只有你這樣。你可能會驚訝地發現，在大多數情況下，財務使用的數學就只有加法和減法。當金融界的人想要搞得非常花俏時，他們就會用乘法和除法。我們永遠不必取函數的二階導數或計算曲線下方的面積（抱歉了，財務工程師），所以不用害怕，財務使用的數學很簡單，而且計算機很便宜。你不需要有火箭科學家的本事才能具備財務智商。

第二個可能的障礙是：會計和財務部門緊緊掌握著所有資訊不願放手。你的財務人員是否堅持他們領域的舊方法——數字的守護者和控制者，不情願地參與溝通過程？他們是否專注於控制和法規遵循？如果是這樣，這表示你可能很難取得資料。但你仍然可以用所學到的知識，在管理會議上談論這些數字。你可以使用這些工具來幫助你做出決定，或是針對數字中的假設和估計提出問題。事實上，你可能會感到驚訝，也可能會讓會計師和財務人員感到高興。我們很喜歡這樣的發展。

第三種可能性是你的老闆不希望你質疑這些數字。如果是這樣，代表他本人可能對財務狀況感到不安，或者他可能不知道這些假設、估計和由此產生的偏差。你的老闆是數字的受害者！我們的建議是繼續這麼做，最終老闆通常會看到這麼做對他自己、對部門和對公司的好處。你可以幫助他，愈多人這麼做，整個組織的財務智商就會愈高。你也可以開始承擔一些風險。你的財務知識會給你帶來新的力量，讓你提出一些探索性的問題。

第四種可能性：你沒有時間。只要給我們閱讀這本書的時間就好。如果你要出差搭飛機，請在旅行時隨身攜帶。短短幾個小時內，你會比以往任何時候都更加了解金融知識。或者把本書放在隨手可得的地方。我們每一章都故意寫得很短，只要有空閒時間，就可以閱讀一章。順便說一句，我們收錄了一些關於 1990 年代和 2000 年代，一些企業惡棍採取的花俏金融假帳的故事，這些故事只是為了讓閱讀本書更有趣一點——並向你展示部分問題有愈演愈烈的趨勢。我們並

不是說每間公司都像他們一樣,其實正好相反,大多數人都在盡最大的努力,公平且誠實地展示他們的績效。但是,閱讀有關壞人的事總是很有趣。

所以不要讓這些障礙妨礙你。讀一讀這本書,盡可能了解你自己的公司。很快地,你就會以正確的態度欣賞財務藝術,並提高財務智商。你不會神奇地獲得財務 MBA 學位,但會成為能欣賞數字的人,你將能夠理解並評估財務人員所展示的內容,並向他們提出適當的問題。這些數字再也無法嚇到你。這不會花很長時間,而且相對來說不痛苦,但是對你的職業生涯卻意義重大。

第 4 章

理解會計師的思考邏輯

　　我們不打算在本書中納入更多的會計程序，但仍認為你有必要大致理解會計師所遵循的規則。這將有助於理解他們為什麼選擇使用某些估計和假設，而不使用其他估計和假設。此外，有些公司準備給內部使用的財務文件並不遵循這些規則，這些文件也可能很有價值。

　　那麼我們就從頭開始吧。美國的會計師依賴一套被稱為「一般公認會計原則」（Generally Accepted Accounting Principles，GAAP）的指導方針。一般公認會計原則包括公司在編製財務報表時使用的所有規則、標準和程序，其規則由財務會計準則委員會（Financial Accounting Standards Board，FASB）和美國註冊會計師協會（American Institute of Certified Public Accountants，AICPA）制定和管理。美國證券交易委員會要求上市公司遵守一般公認會計原則標準，大多數私人公司、非營利組織和政府也使用一般公認會計原則。嚴格來說，我們應該說這是美國一般公認會計原則（US GAAP）才對，因為這些規則只適用於美國的企業。（我們稍後會針對國際標準進行更多討論。）

若將所有一般公認會計原則條款逐一列印，有人估計篇幅將超過 10 萬頁之多。使用這些條款來編製財務報表的會計師，往往也只專精於某一特定領域，例如折舊。我們還沒有遇過有人能將所有條款讀完，而且非常熟悉所有規定。

不是真正規則的規則

一般公認會計原則的目的，是使財務資訊對投資人、債權人和根據公司財務報告做出決策的其他人有用。根據一般公認會計原則所制定的財報，應該為公司經營團隊和經理人提供有用的資訊——這些資訊將有助於提高業務績效，並有助於維護公司紀錄。

但是一般公認會計原則的內容並不是大多數人可能認為的「規則」。這些規則並非採用命令句的形式，例如「完全以這種方式計算這筆費用」或「完全以這種方式計算這筆收入」。這些是指導方針和原則，因此可以接受解釋和判斷。公司的會計師必須弄清楚某個原則如何適用於他們的業務，這是金融藝術的重要組成部分。請記住，**會計師和財務專業人士試著透過數字來描繪實際情況，這種描繪永遠無法精確或完美，但確實需要根據個別的情況調整**。一般公認會計原則就允許會計師這麼做。

如果你查看上市公司財務報告的註腳，經常會看到部分內容在解釋公司的會計師如何解釋一般公認會計原則的指南。舉例來說，福特 2010 年財報的一個註腳如下：

美國一般通用會計原則要求我們在資產負債表上，匯總處置在持有待售期間的所有持有待售處置組的資產和負債。為提供比較資產負債表（comparative balance sheet），我們還匯總了前一期資產負債表上，持有待售處置組的重要資產和負債。

哎喲！金融術語怎麼這麼多！但至少我們看出，會計師用其他金融專業人士可以理解的方式，解釋他們如何使用一般公認會計原則。

有時候會計師必須重述公司的財務狀況。也許他們發現了新資訊，或是他們發現了一個錯誤；也可能是一般公認會計原則規則改變了。例如，蘋果公司在 2010 年 1 月 5 日的新聞稿中重申了其 2009 年的業績：

*追溯採用經修訂的會計原則
新的會計原則使公司確認了 iPhone 和 Apple TV 在交付給客戶時的大部分收入和產品成本。根據歷史會計原則，公司需要使用訂閱會計對 iPhone 和 AppleTV 的銷售進行會計核算，因為公司指出可能會不時免費為這些產品提供未指定的軟體升級和新功能。根據訂閱會計的規則，iPhone 和 Apple TV 的收入和相關產品銷售成本在銷售時遞延，並在每個產品的預計經濟壽命內以直線法確認。這導致與 iPhone 和 Apple TV 相關的大量收入和銷售成本被延遲。

> 由於蘋果在2007會計年度開始銷售iPhone和Apple TV，因此公司追溯性地採用新的會計原則，使新會計原則在之前的所有期間都適用……

同樣地，任何非財務領域專業人士可能不想知道這麼多。但是，如果你是一名投資人，試圖評估蘋果每年的業績，你就需要準確了解公司為何以及如何重述其財務狀況，否則，你就是在比較梨子與桃子這兩種不同的東西。

為什麼一般公認會計原則很重要

一組通用的會計規則提供了幾個好處。這麼做為投資人和其他人提供了一種可靠的方法，來比較公司之間、產業之間以及不同年份的財務結果。如果每間公司都以不同的方式組織其財務，使用公司認為合適的任何規則，結果就會像沒有翻譯的聯合國一樣。沒有人能理解其他人，也沒有人能把福特和通用汽車，或是把微軟和蘋果做比較。舉例來說，你不會知道這些公司是否以相同的方式計算營收和成本，也永遠無法真正知道哪一間公司賺的錢比較多。

一般公認會計原則也試圖確保一切都正常進行。可以肯定的是，人們總是在想辦法規避規則。而傳奇投資人巴菲特以他發出的警告而聞名，例如他在1988年給股東的信中的經典警告：

> 有些經理人積極使用一般公認會計原則進行欺騙和

詐欺。這些騙子知道許多投資人和債權人將一般公認會計原則結果視為福音，便以「充滿想像力」的方式解釋規則，並以技術上符合一般公認會計原則，但實際上向世界展示經濟幻覺的方式記錄商業交易。只要投資人（包括所謂厲害的機構）對財報中穩定提升的「獲利」給予很高的估值，你就可以肯定，一些經理人和宣傳者將利用一般公認會計原則來產生這樣的數字，無論真相如何。多年來，我的合夥人查理‧蒙格（Charlie Munger）和我觀察到許多公司利用會計進行規模驚人的詐欺行為。很少有犯罪者受到懲罰；許多甚至沒有被譴責。用筆偷竊大筆資金比用槍偷竊小額資金要安全得多。

雖然有這樣的不當行為，但是一般公認會計原則就像是一個試金石，也就是說，就算不是全部，但大多數公司都嚴格遵循一系列指導方針。財務會計準則委員會和美國註冊會計師協會不斷修訂和更新規則，以反映新的問題和疑慮，因此一般公認會計原則是一個有生命、與時俱進的實體。

關鍵原則

一般公認會計原則，以及據此編製的財務報表要遵守以下幾項原則。了解這些原則有助於了解財務資料中可以找到什麼、不能找到什麼。

貨幣單位和歷史成本

一般公認會計原則要求財務報表中的所有項目都要以貨幣單位表示，例如美元、歐元或其他任何貨幣單位。它也規定，公司為資產支付的價格（會計師稱之為「歷史成本」）是確定其價值的基礎。（資產是公司所擁有的東西。）我們在這裡討論了一些財務藝術問題，舉例來說，一棟建築物今天的價值可能比它當年剛建好時高得多，但是在帳面上的估值卻是公司初始持有成本。然而，公司通常不會以歷史成本對股票和債券等金融資產進行估價。會計師必須按照金融資產當時的市場價值進行估價，這被稱為按市值計價會計（mark-to-market accounting），我們將在 Part 3 後面的知識補給站中討論它。

你可以理解為什麼財務報表的註腳經常派上用場。註腳可以讓你知道資產是如何估值的，你可能會看到公司資產的價值是否高於或低於財務報告上顯示的價值。

保守主義

一般公認會計原則要求會計師必須保守。我們指「保守」的不是他們的政治立場或生活方式，僅限於會計工作——儘管這也許可以解釋為什麼刻板印象中的會計師在生活的其他領域也是保守的。例如，當公司預期虧損時，虧損必須儘快顯示在財務報表中，也就是一旦知道所涉及的金額就要立刻記錄。會計師稱之為認列虧損。

獲利正好相反。當公司預期獲利時，會計師在確定獲利確實發生之前無法記錄獲利。舉例來說，我們來想像一間公

司銷售出產品。會計師可以把它記在帳簿上嗎？一般公認會計原則表示，這筆銷售必須滿足至少四個條件：

- 有令人信服的證據指出相關的安排確實存在。這只是表示公司確信銷售確實發生了。
- 已交付或服務已提供。出售的東西以某種方式交付給客戶。
- 賣方向買方支付的價格是固定的或是可以確定的。價格必須是已知的。
- 有合理保證可收取款項。如果無法保收到款項，就不能將其計為銷售。

當然，在大多數情況下，這些條件全部都很容易滿足。會計師只需在特殊情況做出專業判斷。

一致性

一般公認會計原則其實是一套指導方針而非硬性規定，因此公司可以選擇所適用的會計方法和假設，但是，**除非業務出現一些必須調整的因素，否則一旦選定，就應該持續使用相同的會計方法或假設**。換句話說，你不能在沒有充分理由的情況下，每年都改變會計方法或假設。如果會計師每年都基於不同的假設來編製財報，就無法比較每年的結果，公司的管理者也無法了解這些數字所代表的真正意義。而且，公司也可能為了美化財報，而不斷改變會計方法或假設。

充分揭露

這與前一項原則「一致性」有關。如果公司更改了會計方法或假設,而且這一更改具有重大影響(稍後將詳細說明「重大」),就必須披露更改的變化和對財務的影響。你可以看到其中的邏輯。**閱讀報告的人需要了解變化及其影響,才能充分理解這些數字的含義。**公司非常重視這個要求。在下面的範例中,福特揭露了公司 2010 年財務數字的變化,不過這並沒有產生重大影響——這是一種適當保守的方法。

> *金融資產轉移
>
> 2010 年第一季,我們採用了與金融資產轉移相關的新會計準則。這個標準要求提高金融資產轉讓的透明度,以及公司對轉讓金融資產的持續參與。這個標準還將美國通用會計準則中的「合格特殊目的實體」的概念刪除了,並更改了終止確認金融資產的要求。新的會計準則對我們的財務狀況、營運成果或財務報表揭露沒有重大影響。

重大性

在會計術語中,重大的意思就是重要的事情——會影響了解情況的投資人對公司財務狀況的判斷。每個重大事件或資訊都必須揭露,通常寫在財務報表的註腳中。舉例來說,蘋果在 2011 財務年度的財務狀況包括以下注意事項:

截至 2011 年 9 月 24 日,也就是本報告所包含的年度期末,公司受到以下討論的各種法律訴訟和索賠,以及某些尚未完全解決,且在正常業務過程中出現的其他法律訴訟和索賠的約束。經營團隊認為,並沒有合理的可能性顯示公司發生重大損失或重大損失超過應計損失。

然而,針對公司的法律訴訟和索賠的結果有重大不確定性。因此,雖然經營團隊認為出現此類結果的可能性很小,但如果在同一報告期間內解決了一項或多項針對公司的法律事項,金額超出經營團隊的預期,則公司在特定報告期間內的合併財務報表,可能會受到重大不利影響。

換句話說就是,我們預計訴訟不會造成任何損失,但這項預計可能有誤。

這五項原則並不是一般公認會計原則中的所有內容,但是我們認為這些是最重要的原則之一。

國際標準

世界其他地方(100 多個國家)使用的標準與一般公認會計原則不同。這被稱為國際財務報導準則(IFRS)。與一般公認會計原則一樣,國際財務報導準則規定了組織在編製財務報表時遵循的指導方針和規則,目標是盡可能輕鬆地將不同國家的公司進行比較。國際財務報導準則的規則通常比

一般公認會計原則規則簡單一些。

在這本書出版後,美國可能會加入國際財務報導準則。美國註冊會計師協會已建議這麼做,證券交易委員會承諾很快就會做出決定。然而,美國企業可能會過幾年才會被要求遵守國際財務報導準則。與此同時,各家企業對於是否加入的看法不一。例如,2011年7月,《華爾街日報》的一篇文章報導了大企業和小企業之間的衝突。在國際間經營業務的大企業往往希望實施國際財務報導準則;較小的企業通常只在美國經營業務,他們覺得這麼做沒有任何價值。[1] 從我們的角度來看,轉向國際財務報導準則代表所有財務報表都使用相同的語言,我們一直都認為這是一件好事。

非一般公認會計原則報告

還記得我們在本章開頭說過,一些公司不只準備了遵循一般公認會計原則的財報,也會準備另一份不遵循一般公認會計原則規則的財報嗎?這是真的。許多公司的財報數字並不符合一般公認會計原則的規則。這些被稱為——非一般公認會計原則數字。公司經常將這份財報用於內部管理。

這是否代表這些公司在玩所謂「兩套帳」的手法?(編按:兩套帳意指公司為了避稅等原因而做內外帳)不完全是如此。他們使用非一般公認會計原則數字來了解自己的業務,而不必擔心與公司經營無關的一次性事件,或一般公認會計原則的變化等問題。許多公司甚至向華爾街分析師和大眾公布非一般公認會計原則的資料(及其一般公認會計原則

數字)。他們可能認為,非一般公認會計原則的數字可以更準確地描述公司的業績;某些非一般公認會計原則的數字是衡量績效的重要指標;或是他們可能只想展示公司的財務狀況,而沒有某些與長期業務前景無關的數字。一般來說,他們呈現非一般公認會計原則結果,是因為他們認為這些數字能幫助外部人士了解公司的業績,並有助於不同年度之間的比較。

舉例來說,以下是星巴克在宣布 2011 年第三季度財報的新聞稿中宣布的事項:

- 合併營業利益率為 13.7%,比前一年同期的 GAAP 業績成長 120 個基點,比前一年期間的非 GAAP 業績成長 40 個基點。
- 美國營業利益率(一般公認會計原則)成長 300 個基點至 18.8%,較前一年同期的非 GAAP 業績成長 210 個基點。
- 國際營業利益率提高 200 個基點,達到 12.2%(一般公認會計原則),比前一年同期的非 GAAP 業績成長 140 個基點。

順帶一提,「基點」是一個百分點的百分之一,所以 100 個基點等於 1%。至於營業利益率,你將在第 21 章後面學到,現在請先把它當成衡量獲利的指標。也就是說,星巴克以一般公認會計原則和非一般公認會計原則術語公布獲利。

在以下的新聞稿中,星巴克解釋公司如何計算非一般公認會計原則數字:

> 本新聞稿中提供的非一般公認會計原則財務指標不包括 2010 年的重組費用,主要與之前宣布的公司直營門市關閉有關。公司經營團隊認為,提供這些非一般公認會計原則財務指標可以幫助投資人更了解和評估公司的歷史和預期經營業績。更具體地說,對於歷史非一般公認會計原則財務指標,經營團隊排除了重組費用,因為它認為這些成本並不反映預期的未來經營費用,也無助於公司對未來經營業績進行有意義的評估,或與公司過去經營業績的比較。

諷刺的是,一般公認會計原則有一個要求,用於管理非一般公認會計原則數字的報告。公司通常會以數學方式,顯示他們是如何從一般公認會計原則數字獲得非一般公認會計原則數字。這通常稱為連結陳述(bridge statement)。我們不打算在這裡討論(太多細節了),但是如果你有興趣,歡迎自行查看公司的財務報表註釋或補充文件。

好了,一般公認會計原則說得夠多了。接著我們要深入了解財務智商的細節,先從三個財務報表開始。

Part 1　知識補給站

用財務智商達成工作上的期望

想像一下，如果你提出加薪的理由，老闆的表情會有多震驚——你的理由其中一部分是對公司財務狀況的詳細分析，準確顯示你的部門對公司的貢獻。

太扯了嗎？並不會。讀完本書後，你就會知道如何收集和解釋資料，例如：

- 公司過去一年的營收成長、獲利成長和獲利率成長。如果公司的表現良好，高階經理人可能在考慮新的方案和機會，那麼他們就會需要像你這樣經驗豐富的人才。

- 公司現有的財務挑戰。庫存周轉率可以提高嗎？毛利率或應收帳款天數呢？如果你能提出改善企業財務績效的具體方式，你和老闆都會看起來很厲害。

- 公司的現金流狀況。也許你能證明公司有很多自由現金流，可以為勤奮的員工加薪。

當你應徵下一份工作時也是如此。專家總是告訴求職者向面試官提問——如果你問財務問題，你會顯示你了解企業

的財務方面。試試以下問題：

- 公司是否有賺錢？
- 公司有正資產嗎？
- 公司的流動比率是否支付得起薪資？
- 營收是成長還是下降？

如果你不知道如何評估這些，請讀完本書，你就會學到如何評估。

參與者和他們的工作

誰真正負責財務和會計？頭銜和職責因公司而異，但以下概述這些部門的高層通常是誰、負責什麼工作：

- **財務長（CFO）**。財務長從財務的角度參與組織的管理和策略。財務長要負責監督所有財務工作；公司的會計長和財務主管向財務長報告。財務長通常是最高經營團隊的一員，而且通常也是董事會成員。關於財務方面的問題，財務長責無旁貸。

- **財務主管**。財務主管負責公司外部和內部。財務主管要負責建立和維護銀行關係、管理現金流、預測以及做出股權和資本結構決策，還要負責投資人關係和以股票為主的股權決策。有人會說，理想的財務主管是

有個性的財務專業人士。

- **會計長**。會計長（controller 或 comptroller）的工作重點純粹是對內部。會計長的工作是提供可靠和準確的財務報告，負責總會計、財務報告、業務分析、財務規劃、資產管理和內部控制，也要確保準確無誤地記錄當天的交易。如果沒有會計長提供良好、一致的數字，財務長和財務主管就無法完成他們的工作。會計長有時被稱為「鐵公雞」，正確使用這個術語是明智的，但部分財務長和財務主管被人用「鐵公雞」描述時會感到惱火，因為他們不認為自己是一毛不拔，而是財務方面的專業人士。

上市公司的報告責任

上市公司──任何人都可以在交易所買到股票的公司──通常必須向政府機構提交大量的報告。美國的主管機關就是證券交易委員會（編按：台灣主管機關為金管會）。在證券交易委員會要求的表格中，最廣為人知和最常用的是年度報告，也就是 10-K 表格，或簡稱 10-K。這與許多公司向股東分發亮面紙張印製的議事手冊不同。

亮面手冊版的內容通常包含一封來自財務長和董事長的信；還可能包括有關公司產品和服務的促銷資訊、圓餅圖和彩色圖表，以及其他與行銷相關的內容（編按：台灣企業除了提供與股東會決議內容相關的議事手冊外，並將致股東信

與財報等資訊刊載於股東會年報，這些資訊可於公開資訊觀測站中查詢）。而年度報告通常是單調的黑白版本，只有一頁又一頁的文字和數字，這些全都是證券交易委員會法規要求的。包括公司歷史、管理團隊薪酬、業務風險、法律訴訟、業務管理團隊的討論、財務報表（根據一般公認會計原則編製，如第 4 章所述）、財務報表附註，以及財務控制和程序等。你可以從中學到很多東西。

上市公司還必須每三個月提交一份稱為 10-Q 的報告。10-Q 比 10-K 短得多；其中大部分用於報告公司最近一季的財務業績。公司一年只編製三次 10-Q，並將最後一季的 10-Q 包含在 10-K 中（編按：台灣企業財報同樣於一年之中分四次公布，前三次為季報，第四次則以年報形式，將第四季財報合併於其中，可於公開資訊觀測站中查詢）。

請注意，季度結束和年度結束不必對應於日曆的結束日。公司會計年度的結束日可以是公司決定的任何日期，季則是根據年度結束的日期所計算出來的。舉例來說，如果公司的會計年度結束日期是 1 月 31 日，則其四個季度分別為 2 月至 4 月、5 月至 7 月、8 月至 10 月以及 11 月至 1 月。

你可以在各個公司的網站以及證交會的網站上，找到 10-K、10-Q 和其他需要向證交會提交的表格。證交會使用一個名為 EDGAR 的資料庫，並包含有關如何使用的教學。

Part 2

財務三表之一：
損益表

第 5 章

損益表的獲利是估計值

用彼得・杜拉克（Peter Drucker）的一句耳熟能詳的話來說，獲利能力是企業的獨立主權標準。使用獨立主權（sovereign）這個詞非常正確，因為獲利的公司可以規劃自己的路線，公司的經理可以按照他們希望的方式來經營公司。但若公司不再賺錢時，其他人就會開始干預。獲利能力也是你身為經理可能受評判的標準。你是提升還是降低了公司的獲利能力？你是每天都在想辦法提高獲利能力，還是只是在做自己的工作並希望一切都會好起來？

另一句耳熟能詳的話，有許多人都說過，包括《彼得原理》(*The Peter Principle*)的作者彼得・勞倫斯（Laurence J. Peter）和棒球選手尤吉・貝拉（Yogi Berra）：「如果我們不知道要去哪裡，最後可能會到別的地方。」如果你不知道如何實現獲利能力，你就不太可能成功地辦到。

事實上，太多商界人士都不了解獲利的真正含義，更不用說是如何計算了。他們也不了解公司在任何特定時期的獲利，反映了一大堆估計和假設。財務藝術其實也可以被稱為賺錢的藝術──或是在某些情況下，使獲利看起來比實際更

好的藝術。在本書的這一 Part，我們將看到公司如何合法或違法地做到這一點。大多數的公司都很誠實公開，但總是有一些公司會取巧。

我們將重點介紹理解損益表的基礎知識，因為「獲利」就是損益表所顯示的內容，不多也不少。學習解讀這份文件，你就能夠了解和評估你公司的獲利能力。學會管理損益表上你可以影響的項目，你就會知道如何實現獲利能力；學習判斷獲利所涉及的藝術，肯定能提高你的財務智商，甚至可能實現你想要的成果。

有（一點點）會計

我們在前文中承諾，本書只會包括少量的會計程序。但是，我們將在本章中解釋一個會計概念，因為一旦你理解了這個概念，就能準確地掌握損益表是什麼，以及它想告訴你的是什麼。不過，首先我們想後退一步，確保你的腦海中沒有潛伏著重大的誤解。

你知道損益表應該顯示公司在特定時期（通常是一個月、一季或一年）的獲利。可想而知的是，損益表顯示了公司在這段期間吸收了多少現金、花費了多少以及剩下多少。那麼這個「剩餘」金額就是公司的獲利，對吧？

可惜，並不是。除了一些非常小的企業以這種方式進行會計核算（稱為現金基礎會計）之外，這種對損益表和獲利的理解其實是一種根本性的誤解。事實上，損益表衡量的東西與收入現金、支付現金和剩餘現金完全不同。它衡量營業

額（或稱為營收）、成本（或稱為支出），以及獲利（或稱為收入）。

配合原則

配合原則是編製損益表的基本會計規則。這只是指出「將成本與其相關收入相配合，以確定某一段時間（通常為一個月、一季或一年）的獲利」。換句話說，會計師的主要工作之一，就是弄清楚並正確記錄銷售所產生的所有成本。

任何損益表都以銷售開始。當一間企業向客戶交付產品或服務時，會計師會說它已經完成了銷售。客戶是否已經為產品或服務付款並不重要——企業可能會將相關期間的銷售金額計入其損益表的第一行，但可能錢根本還沒有進帳。當然，對於零售商和餐館等以現金為基礎的企業，營業額和現金流入幾乎相同，但是大多數企業必須等待 30 天或更久才能收取銷售費用，而飛機等大型產品的製造商可能需要等上好幾個月。（也就是說，管理像波音這樣的公司，手頭需有大量現金來支付薪資和營運成本，直到公司獲得工作的報酬。我們將在本書的 Part 7 介紹一個稱為營運資金〔working capital〕的概念，它可以幫助你評估這類公司。）

那麼，損益表上的「成本」項目呢？公司在損益表上列出的成本和費用，不一定是該期間實際支付的金額，而

是公司為產生該期間記錄的銷售收入，所發生的成本與費用。會計師將此稱為「配合原則」——所有成本都應與該會計期間內的相關收入相匹配——這是理解如何計算獲利的關鍵。

配合原則就是你需要學習的一點點會計知識。例如：

- 如果墨水和碳粉供應商在 6 月時買了一卡車的墨水碳粉匣，並在接下來的幾個月內陸續銷售給客戶，則供應商不會在 6 月時記錄這些墨水碳粉匣的成本。相反地，公司會在銷售每一個墨水碳粉匣時才記錄一個的成本。原因是配合原則。

- 如果一間快遞公司在 1 月時採購了一輛貨車，並計畫在未來三年內使用，那麼貨車的成本不會完整顯示在 1 月的損益表中。貨車在這三年內進行折舊，貨車成本的 36 分之 1 會於每個月出現在損益表上，並顯示為費用（假設簡單的直線折舊法）。為什麼這麼做呢？也是因為配合原則。貨車是與 36 個月中持續執行的工作相關的眾多成本之一，這些工作會顯示在當月的損益表中。

- 配合原則甚至可用於稅收等專案。公司可能每季支付一次稅單，但每個月會計師都會在損益表中填寫一個反映當月獲利所應繳的稅款金額。

- 配合原則適用於提供服務或提供產品的公司。例如，一間顧問公司出售可計費時間，也就是每位顧問與客戶合作的時間。會計師仍然需要將與這些合作時間有關的所有費用（行銷成本、材料成本、研究成本等）與相關收入配合。

你可以看出，這些都和現金的進出無關。追蹤現金流入和流出是另一份財務文件的工作，也就是現金流量表（請參閱 Part 4）。你也可以看到我們離簡單的客觀現實有多遠。會計師不能只是將現金流加總；他們必須決定哪些成本與銷售有關，也必須做出假設並提出估計值。在這個過程中，他們可能會在數字中引入偏差。

損益表的目的

原則上，損益表試圖衡量的是，在計算所有數字後，公司提供的產品或服務是否賺錢。會計師要盡最大努力，顯示公司在某段時間內產生的銷售額、進行這些銷售所產生的成本（包括在這段時間內經營業務的成本）以及剩餘的獲利（如果有的話）。

撇開可能的偏差不談，這對企業中幾乎每個經理來說都非常重要。業務經理需要知道自己和團隊創造了什麼樣的獲利，以便決定折扣、條款、目標客戶是誰等項目。行銷經理需要知道哪些產品最賺錢，以便在任何行銷活動中強調這些產品。人力資源經理應該了解產品的獲利能力，這樣他才知

道在招募新人時，公司的策略重點可能放在哪些地方。

　　一段時間下來，一間經營良好的公司，損益表和現金流量表彼此之間會相互追蹤。獲利將轉化為現金。然而，正如我們在第 3 章中看到的那樣，即使一間公司在任何特定時間內賺錢，也並不表示會有現金來支付帳單。獲利始終是個估計值，而估計的值是不能花掉的。

　　知道了這一點後，接著我們就把重心轉向解讀損益表。

第 6 章

破解損益表的密碼

請注意本章的章名使用一個詞：密碼。真是抱歉，損益表通常看起來真的就像一個需要被破解的密碼。

原因如下。在像本書這樣的書中——甚至在本書的稍後——你經常會發現損益表的小樣本。看起來就像這樣：

圖表 6-1　損益表範例

營收	$100
銷貨成本	50
毛利	50
支出	30
稅額	5
淨利	$15

一個聰明的小學四年級學生不需要太多幫助，只要知道定義就能弄清楚這個問題。這個小學生甚至可以在沒有計算機的情況下就能自己計算。但是現在查看真實的損益表，包括你自己公司的，或是你在其他公司的年度報告中找到的損

益表。如果是內部使用的詳細陳述，它可能會逐頁顯示一行又一行的數字，通常印刷得很小，幾乎看不懂。即使是像你在年報中看到的「合併」報表，它也可能包含一大堆帶有晦澀難懂標籤的項目，例如「來自股權附屬公司的收入」（艾克森美孚）或「採購的無形資產攤銷」（惠普）。這足以讓非金融專業人士沮喪地舉起雙手投降（許多專業人士也會感到困惑）。

請耐心跟著我們，一起熟悉閱讀損益表的一些簡單方法。提高財務智商的過程不應該讓你焦慮得胃食道逆流，學習這些步驟也許能讓你不會感到焦慮。

閱讀損益表

在你開始思考這些數字之前，需要一些背景知識，藉以理解損益表。

標題

最上面寫著「損益表」（income statement）嗎？英文可能會不一樣。可能寫的是 Profit and loss statement 或是 P&L statement、operating statement 或是 statement of operations、statement of earnings 或是 earnings statement。這些都是指同一份文件。此外，文件標題常會包含「合併」這個詞。這個詞代表的是，你手上這張可能是整間公司的損益表，包含各部門數據之總和，而非個別部門的明細。

損益表的許多不同名稱可能會令人抓狂。我們合作

的一個客戶將其年報中的損益表稱為收益表（statement of earnings）。同時，公司的一個主要部門將其損益表稱為損益表──另一個主要部門稱其為獲利與虧損表（Profit and loss statement）！用這些術語來表示同一件事，人們可能會認為，財務和會計人員不想讓我們知道發生什麼事。或者，也許他們只是理所當然地認為，所有人都知道所有不同的術語都代表同一件事。總之，我們在本書中將一致使用「損益表」這個詞。

此外，如果你在最上面看到「資產負債表」或「現金流量表」，那麼你就拿錯文件了。標題幾乎一定會是我們先前提到的那些用語之一。

它所衡量的東西

這是整間公司的損益表嗎？是針對部門還是營業單位？是針對某個地區的嗎？大公司通常不只會為整個組織編製損益表，還會為業務的各個部分編製損益表，甚至到個別店面、工廠或產品線。強森（H. Thomas Johnson）和卡普蘭（Robert S. Kaplan）在他們的經典著作《相關的損失》（Relevance Lost）中，說明通用汽車（General Motors）在二十世紀上半葉發展部門系統──每個部門都有損益表[1]。我們很高興他們這麼做。為較小的營業單位建立損益表，能幫助大公司的經理深入理解各部門的業績。請記住，這些部門或營業單位的財務報表，通常與多個部門或單位的成本分攤或估算有關。

確定相關實體後，下一步是確認期間。損益表就像學校

的成績單一樣,總是有一段期間:一個月、一季或一年,或者可能是年初至今。部分公司製作損益表的時間範圍短到只有一週。此外,大公司損益表上的數字通常會四捨五入,不會顯示後面的幾個0。所以在讀損益表時,請在最上面尋找一個小註釋:「單位為百萬」(in millions,在數字後面加上六個0)或「單位為千」(in thousands,加三個0)。這聽起來像是常識,而這也的確是常識。但我們發現,像這樣看似微不足道的細節往往被金融新手所忽略。

「實際」與「擬制」

大多數損益表都是實際的,如果沒有其他標題,你可以假設這份資料就是實際的數字,顯示在那段時間內的營收、成本和獲利的「實際」變化。如果你正在查看上市公司的報表,你可以假設它是根據一般公認會計原則編製的。如果是一間非上市公司,你需要問的一個問題是,這些數字是否根據一般公認會計原則編製。(我們將「實際」放在引號中以提醒你,任何一份損益表都有這些內在的估計、假設和偏差,我們將在本書的這一Part稍後更詳細地討論。)(編按:台灣企業財報編製,多以國際財務報導準則為主)

還有擬制(pro forma)和非一般公認會計原則損益表。擬制表示這份損益表是一個預測。舉例來說,如果你正在為一項新業務制定計畫,你可以寫下頭一、兩年的預計損益表——換句話說,你預期在銷售和成本方面會發生什麼事。這個預測就稱為擬制。非一般公認會計原則損益表可能不包括任何異常或一次性費用,或者可能會放寬某些一般公認會計

原則的規定。（詳細資訊請參閱第 4 章。）假設一間公司在某一年必須進行大筆減記，結果導致虧損。（本 Part 稍後將詳細介紹減記。）除了實際損益表外，公司可能會準備一份損益表，說明如果沒有減記的可能情況。更令人困惑的是，許多公司過去常常將這些非一般公認會計原則報表稱為擬制損益表。現在「擬制」這個詞被保留用於預測。

擬制損益表（預測）當然就是預測。這是對未來的有根據的猜測。非一般公認會計原則損益表則不一樣。這反映了現實，但必須謹慎解釋。當公司準備此類文件供一般大眾使用時，表面上的目的是讓你將去年（當時沒有核銷）與今年（如果沒有那麼難看的核銷）進行比較。但有時會有一個潛意識的資訊，就像在說：「嘿，事情並不像看起來那麼糟糕——我們只是因為那次減記而賠了錢。」

當然，減記確實發生了，公司也確實虧損了。大多數時候，你希望能同時查看一般公認會計原則和非一般公認會計原則報表，如果你只能選擇一個，那麼一般公認會計原則報表可能是比較好的選擇。憤世嫉俗的人有時會將非一般公認會計原則報表描述為：去除所有不良內容的損益表。這麼說並不一定公道，但有時候確實是。

較大的數字

無論你查看的是哪間公司的損益表，都會有三大類。一個是銷售額，可以稱為營收（這兩個詞是一樣的東西）。銷售額或收入始終位於第一項。當人們提到「第一項成長」時，他們的意思是：銷售增加。成本和費用位於中間，獲利

位於最後一項。（如果你正在查看的損益表是針對非營利組織的，則「獲利」可能稱為「盈餘／赤字」或「淨營收」（net revenue）。當你繼續讀下去，損益表也可能列出獲利的子項，例如毛利。我們將在第 9 章解釋這些詞。

公司的經營團隊會非常密切地關注銷貨成本或服務成本。在你自己的公司中，你會希望確切地了解與你的工作相關的項目所包含的內容。例如，如果你是業務經理，你需要準確找出「銷售成本」項目中的內容。正如我們將看到的，會計師對於如何對各種費用進行分類有一定的自由裁量權。

對了，除非你是金融專業人士，否則你通常可以忽略「採購無形資產攤銷」之類的項目。無論如何，大多數帶有此類標示的項目對獲利無關緊要。如果確實重要，則應該在註腳中解釋。

比較資料

年度報告中列出的合併損益表通常有三欄數字，反映過去三年發生的情況；內部損益表可能有更多欄。舉例來說，你可能會看到類似這樣的內容：

實際占營收百分比　預算占營收百分比　變動百分比

或是像這樣：

前期實際　　　　　金額變動（+/−）　　百分比變動

像這樣的數字表格可能令人感到很可怕,但其實不需要感到害怕。

在第一種情況下,「占營收百分比」只是一種顯示某項費用數字相對於營收的規模。營收項目被視為固定參考點,其他所有內容都與它進行比較。許多公司為特定費用項目設定銷售百分比目標,如果嚴重偏離目標則會採取措施。舉例來說,假設高階經理人決定銷售的支出不應超過營收的12%,一旦這個數字超過12%,業務部門最好小心。預算和變動的數字也是一樣。(「變動」只是代表差異。如果實際數字超出預算太多——也就是說,如果差異很大——可以肯定有人會想知道原因。精通財務的經理人總是會發現預算的差異,並找出差異發生的原因。

在第二種情況中,損益表只是顯示了公司相較於上一季或去年的表現。有時候,比較點是「去年同一季」。同樣地,如果一個數字向錯誤的方向移動了相當大的量,有人會想知道原因。

簡而言之,這些比較損益表的重點是突出正在變化的內容,哪些數字處於應有的位置,哪些數字沒有。

註腳

內部損益表不一定包含註腳。如果有的話,建議你非常仔細閱讀它們,因為它們可能會告訴你一些會計師認為每個人都應該注意的事情。外部損益表(如年報中的損益表)略有不同,裡面通常包含許多註腳。你可能只想大概瀏覽一下,因為有些可能很有趣,有些則不那麼有趣。

為什麼有這麼多註腳？為了避免產生疑問，會計規則要求財務人員解釋他們是如何得出總額。因此大多數註解就像是一扇窗，幫助你了解數字是如何確定的。有些簡單明瞭，例如沃爾瑪截至 2011 年 1 月 31 日的年報，包含以下內容：

> 銷售成本
> 銷售成本包括實際產品成本、從供應商到公司倉庫、商店和俱樂部的運輸成本、從公司倉庫到商店和俱樂部的運輸成本，以及我們的山姆俱樂部（Sam's Club）部門和進口配送中心的倉儲成本。

但是其他註腳可能很長很複雜，例如以下註腳片段來自惠普截至 2010 年 10 月 31 日的年報：

> 惠普在會計年度 2010 和 2009 年實施的當前收入確認政策規定，當銷售合約包含多個要素（如硬體和軟體產品、許可證和／或服務）時，惠普根據銷售價格層次結構，為每個要素分配收入。銷售價格根據其供應商特定的客觀證據（vendor specific objective evidence，VSOE，如果有的話）、第二方證據（third party evidence，TPE，如果 VSOE 不可用的話）或估計銷售價格（estimated selling price，ESP，如果 VSOE 和 TPE 都不可用的話）。

> 在包含超過附帶性質的軟體產品的多要素合約中，惠普會根據上述的銷售價格層次結構，將收入分配至各個非軟體項目，並將軟體項目計為一組來進行收入分配。如果合約內包含多個軟體項目，則該部分合計的收入會按照經過修訂的軟體收入確認準則，進一步分配至各個軟體項目。

這是描述認列營收的九段文字之一，這個主題我們會在第7章討論。別誤會，我們並不是說這不重要——惠普詳細說明其收入確認方法確實很關鍵，因為何時認列營收是財務藝術的重要部分。前述例子並不代表沃爾瑪的財報附註一定簡單，而惠普的就一定複雜。我們的例子　只是用以展示財報註腳的多樣性，尤其是與損益表相關的部分。有時候，透過閱讀這些附註，你甚至能發現一些非常有趣的公司資訊，所以請享受這個過程！（我們剛剛是不是說財報附註可以很有趣？）順帶一提，如果你在附註裡找不到想要的解釋，請問問你的 CFO，他應該會知道答案。

一項重大的規則

以上這些是閱讀的規則。但是不要忘記，每當你面對損益表時，都應該首先考慮一項重要的規則。這項規則就是：

> 請記住，損益表上的許多數字反映的是估計和假設。會計師已決定在此處包含一些交易，而不在別

的地方包含。他們決定以一種方式進行估算，而不是用另一種方式。

這就是財務的藝術。如果你還記得這一點，我們向你保證，你的財務智商已經超過了許多企業經理人。

接著我們要更詳細地了解一些關鍵類別。如果你手上沒有其他損益表，請使用附錄中的樣本（圖表34-1）做為參考。當然，一開始這一切看來好像都很複雜。但你很快就會習慣這種格式和術語。習慣以後，就會發現自己開始理解損益表想告訴你的事了。

第 7 章

認列時機會改變損益表的營收

我們將從最上面開始。我們已經注意到，銷售額（sales，損益表的第一項）通常也稱為營收（revenue）。到目前為止還可以：同一個事物只有兩個詞還不算太差，我們會同時使用這兩個詞，就只是因為這兩個詞太常見了。但是要注意一點：有些公司（和許多人）將損益表的第一項稱為「收入」（income）。事實上，許多人會使用的會計軟體 QuickBooks，以及大多數銀行和金融機構也稱之為收入。這真的很令人困惑，因為「收入」通常代表「獲利」，而獲利是損益表的最後一項。（顯然改變這一點會是一場艱苦的戰鬥。不是有些人很愛糾正別人用詞遣字嗎？他們跑哪裡去了？譯注：台灣會計研究發展基金會也將 revenue 譯為「收入」，且在認列賺取的金額時也寫為「認列收入」。在本章中，除非是損益表之類的財報，否則將視情況譯為「收入」。）

公司可以在向客戶交付產品或服務時記錄或認列銷售。這是一個簡單的原則。但正如我們在本書前面說，實務上，這其中的問題相當複雜。事實上，**何時可以記錄銷售的問**

題,是損益表巧妙的環節之一。這是會計師最有自由裁量權的地方,因此經理必須最仔細地理解這一點。因此,學過財務知識後,這時就會派上用場了。如果有事情看起來不對勁,就提出問題──如果你沒有得到滿意的答案,可能就該小心了。收入認列是財務作假的常見領域。

銷售額

銷售額或營收是公司在某一段時間內,向客戶提供的所有產品或服務的金額。

認列時機沒有硬性規定

會計師記錄或認列銷售時最重要的一般公認會計原則,就是收入必須已賺到;產品公司必須已出貨;服務公司必須已執行服務。這條件很公平,但你會怎麼處理這些情況呢?

- 你的公司為大客戶進行系統整合。一個典型的專案需要六個月的時間來設計並獲得客戶的批准,然後再需要十二個月來建置。在整個專案完成之前,客戶不會從專案中獲得真正的價值。那麼你何時賺到專案所產生的收入?

- 你的公司向零售商銷售產品。使用一種稱為開帳單业

代管（bill-and-hold）的做法，你可以讓客戶在他們實際需要的時間之前購買產品（例如，受歡迎的聖誕物品），並代他們存於倉庫，之後才出貨。你何時賺到這筆收入？

- 你在一間建築公司工作。公司為客戶提供建築計畫，與當地建築當局打交道，並監督施工或重建。這些服務都包含在公司的費用中，通常按建築成本的百分比計算。你如何確定公司何時獲得收入？

我們無法為這些問題提供確切的答案，因為會計做法各公司都不同。但這正是重點：沒有硬性規定。以專案為基準的公司通常有規則，允許在專案達到某些目標時認列部分營收，但規則可能會有所不同。公司損益表上第一項的「銷售額」數字始終反映了會計師對何時應認列收入的判斷。運用判斷的地方，就會有爭議的餘地──更不用說被操縱了。

被操縱的可能性

事實上，進行操縱的壓力可能很大。我們以一間軟體公司為例。假設這間公司銷售軟體以及為期五年的維護和升級合約，就必須判斷何時要認列銷售收入。現在假設這間軟體公司其實是一間大公司的一個部門，要向華爾街提供財測的公司。公司的人想讓華爾街開心，但是母公司本季每股盈餘似乎將比預測值略低一點。這樣一來，華爾街就不會高興

當華爾街不滿意時,該公司的股價就會受到重創。

啊哈!(你彷彿能聽到總部的人在盤算。)這個軟體部門……如果我們調整它的收入確認方式呢?假設我們將前期認列的收入比例從 50% 提高到 75%?這麼做的邏輯可能是:這類業務在銷售初期需要投入大量精力,因此除了確認產品交付與服務提供的成本,銷售過程中的努力與成本也應該事先認列。只要做出這個改變——提前確認更多收入——公司的每股盈餘就會恰好提高到華爾街預期的水準。

每股盈餘

每股盈餘(EPS)是公司的淨利除以在外流通的股數。這是華爾街最密切關注的數字之一。華爾街對許多公司的每股盈餘都有「預期」,如果預期沒有達到,股價很可能會下跌。

有趣的是,這樣的改變並不違法。財務報表的註腳中可能會出現解釋,但也可能不會。也許你注意到在第 6 章中,惠普關於收入認列政策的註腳提到了 2009 年和 2010 年。這是因為在那一段的後面,公司描述了在 2008 年的不同做法:

> 對於會計年度 2008 年……惠普根據每個項目的相對公平價值分配收入,或者根據公平價值的客觀證據分配軟體的收入。在已交付項目沒有公平價值的

> 情況下，惠普首先將收入分配給未交付項目的公平價值，並將剩餘收入分配給已交付項目……

……後面好幾行都是這樣。

正如我們在第4章中提到的，任何對利潤「重大」的會計變更都必須以這種方式寫註腳。但是由誰來決定什麼是重大，什麼不是呢？你猜對了：就是會計師。事實上，提前認列75%很可能更準確地反映了軟體部門的實際情況。但是會計方法的改變是因為良好的財務分析，還是反映了做出獲利預測的需要？這裡面會不會潛伏著偏差？請記住，會計是使用有限的資料來盡可能準確地描述公司業績的一門藝術。損益表上的營收是一個估計值，是最接近的猜測。這個範例說明估計值如何帶來偏差。

不只是投資人必須小心偏見，經理人也需要注意到這一點，因為這會直接影響經理人的工作。假設你是一名業務經理，你和手下員工每個月都關注收入的數字。你可以根據這些數字管理你的員工、討論他們的表現；你根據數字做出招募和解雇的決定，並頒發獎金和獎勵。現在，你的公司正在做的是上一個範例中軟體公司所做的事：它改變了認列收入的方式，以實現某些公司目標。突然之間，你的員工看起來似乎做得很好！所有人都能領到獎金！

但是要小心：如果用和以前相同的方式認列，則基本的收入數字可能看起來並不那麼好。如果你不知道政策已經改變並開始發放獎金，那麼你付的錢就不是基於真正的改善。在這種情況下，財務智商能幫助你了解收入是如何認列的、

分析銷售數字的真實差異,並根據業績的真實變化支付(或不支付)獎金。

順帶一提,會計作假帳最常見的來源,一直都是而且可能永遠都是第一項:營收。許多公司用可疑的方式玩弄收入認列,這個問題在軟體行業尤為嚴重。軟體公司通常將其產品銷售給經銷商,然後經銷商再將產品銷售給最終使用者。製造商在華爾街的壓力下,經常想在季末將沒有訂貨的軟體出貨給這些經銷商。(這種做法被稱為「硬塞給通路」〔channel stuffing〕)。不只是軟體業如此。舉例來說,速度半導體(Vitesse Semiconductor)的經營團隊就在 1995 年至 2006 年期間,因為一連串的手段而於 2010 年被美國證券交易委員會起訴。

起訴的罪名包括:「精心設計出硬塞給通路的計畫,以不當記錄產品出貨的收入。」經銷商有「無條件的權利」退回運送的商品,這個權利透過「附加條款和口頭協定」確立。公司和管理團隊就這些指控進行和解,並且承認它「利用主要與收入認列和庫存相關的不當會計做法,並篡改財務紀錄以掩蓋這些做法」。後來新的經營團隊解決了這個問題。[1]

在這類議題上,有一間公司總是採取更好的做法,那就是播放軟體 Internet Flash Player 和其他產品的創作者 Macromedia。當「硬塞給通路」成為軟體業的一個嚴重問題時,Macromedia 自願公布其經銷商持有的庫存估計值,藉此表明其產品的銷售管道並非人為灌水。股東和員工都清楚地傳達了資訊:Macromedia 不會涉及這種做法。(Macromedia 後來被 Adobe 收購。)

下次當你讀到有關財務醜聞的資訊時，請先查看是否有人在亂寫營收的數字。遺憾的是，這種事太常發生了。

▍未交付和預訂

撇開作假帳和操縱不談，收入顯示了公司向客戶交付的商品或服務的金額，但這並不是衡量公司業績成功的唯一重要指標。在許多情況下，同樣重要的是已簽署但尚未開始的訂單，或尚未認列部分完成專案的收入。換句話說，這就是準備中的價值。公司將這些尚未被認列的銷售稱為未交付訂單或預訂。

許多上市公司公布未交付訂單或預訂，以協助分析師和股東了解公司的未來前景。他們可能會以多種方式公布這些數字。例如，我們的一個客戶同時追查其合約的總價值和年度價值。當然，由於新訂單的到來、現有訂單的取消或修改，以及部分完成專案的進展，數字可能會每天都會不一樣。

在某些情況下，你可能必須提出問題才能確定未交付訂單或預訂所出現的變化趨勢，代表什麼意思。舉例來說，未交付訂單的增加可能表示銷售額增加，也可能表示公司遇到了生產問題；未交付訂單減少可能表示銷售額下降或生產力增加。可以幫助你弄清楚發生了什麼事的一個指標，是公司對在特定期間內有多少未交付訂單將轉化為銷售的評估。舉例來說，某間公司可能會說，它預計大約75%的未交付訂單將在接下來的六個月內轉化為銷售額。

遞延收入

當你買機票時，即使你三個星期內都還不會搭機，航空公司也會立即從你的信用卡中扣款。會計師將此類資金稱為遞延收入。

因為名稱中有「收入」，所以「遞延收入」看起來像是我們應該在本章中討論的內容。遞延收入確實與收入有關——它最終會轉化為收入——但其實它並不屬於損益表。還記得一般公認會計原則的保守原則嗎？它在一定程度上表示，收入應該在（而且只有在）實際賺取時獲得時認列。遞延收入是已經進入公司但尚未賺到的錢。所以它不能進入損益表。其實會計師會將遞延收入視為負債，並列於資產負債表上，也就是公司欠他人的金額。在這個例子中，航空公司欠你一個航班的機位。我們將在 Part 3 中進一步討論遞延收入。

第 8 章

成本與營運支出中藏有細節

大多數經理人對支出和成本等費用都不陌生。但是你知道嗎？這些費用有很多估計值和潛在的偏差。我們來看看主要的項目。

銷貨成本或服務成本

你可能知道，損益表上的費用分為兩大類。第一個是銷貨成本（COGS）。一如以往，這個類別有幾個不同的名稱——例如，在服務業中，這可能叫做服務成本（COS）。我們還經常看到營收成本和銷售成本。為簡單起見，我們將使用「銷貨成本」或「服務成本」。無論如何，重要的不是標籤，而是包含什麼。銷貨成本背後的意涵是衡量與製造產品，或提供服務直接相關的所有成本：材料、勞動。如果你覺得這條規則有很大的解釋空間，那你就猜對了。會計部門必須決定哪些內容應包含在銷貨成本中，哪些內容應放在其他地方。

銷貨成本（COGS）和服務成本（COS）

銷售商品成本或服務成本是同一類的費用。它包括生產產品或提供服務直接涉及的所有成本。

其中一些決定很容易。舉例來說，在一間製造公司中，以下成本肯定會納入銷貨成本中：
- 生產線上人員的薪資
- 用於製造產品的材料成本

而且有很多成本絕對不會納入銷貨成本中，例如：
- 會計部門使用的用品成本（紙張等）
- 公司人資經理的薪水

對了，但還有灰色地帶——而且非常巨大。例如：
- 生產該產品的工廠管理人員的薪資呢？
- 工廠主管的薪資呢？
- 業務的佣金呢？

這些全都與產品的製造直接相關嗎？或者這些是間接費用，比如人力資源經理的成本？在服務環境中也有同樣模糊的情況。服務公司中的服務成本通常包括與交付服務相關的勞力。但是小組的主管呢？你可能會爭辯說，他的薪資是一般營運的一部分，因此不應包含在成本項目中。你也可以爭

辯說，他支援直接服務的員工，所以他應該被包括在服務成本中。這些都是自行判斷的項目，並沒有硬性規定。

坦白說，「沒有硬性規定」這件事有點令人驚訝。一般公認會計原則寫了好幾千頁，並闡明了許多詳細的規則。讓人以為一般公認會計原則會規定：「工廠經理納入」或「主管不納入」。其實沒有，一般公認會計原則只是提供指導原則。公司採用這些指導方針並應用適合其特定情況的邏輯。正如會計師喜歡說的，關鍵是合理性和一致性。只要一間公司的邏輯是合理的，只要這個邏輯被一致地應用，它想怎麼做都可以。

至於為什麼經理應該關心什麼被納入、什麼不被納入，請考慮以下情況：

- 你在一間建築公司管理工程分析部門，員工的薪資以前都包含在服務成本中。現在，財務人員正在將這些成本全部從服務成本中轉移出去。這是完全合理的——即使你的部門與完成建築設計有很大的關聯，但可以證明它與任何特定工作沒有直接關係。那麼，這種變化重要嗎？當然。你和下屬不再是我們常說的「項目之上」的一部分。這表示你對公司來說會以不同的方式顯示。舉例來說，如果你的公司專注於毛利，管理團隊將仔細監控服務成本。他們將努力確保影響服務成本的部門擁有實現目標所需的一切。一旦你不再列於服務成本中（「項目之下」），被關注的程度可能就會顯著降低。

在項目之上，在項目之下

「項目」通常是指毛利。在損益表上，這個項目上方通常是銷售額和銷貨成本或服務成本。這個項目的下方是營運支出、利息和稅金。差別是什麼？項目上方列出的項目往往比下方的許多項目（短期內）變化更大，因此往往會受到管理者更多的注意。

- 你是一名工廠經理，每月要負責賺進 100 萬美元的毛利。這個月你還差 2 萬美元。然後，你發現 25,000 美元的銷貨成本位於標有「工廠訂單合約管理」的項目中。這真的屬於銷貨成本嗎？你請求會計長將這些成本轉為營運支出。你的會計長同意了；更改完成。你達到業績目標了，皆大歡喜。外人甚至可能因為看到這個改變而認為毛利率正在提升——這些都是因為你為了試圖達到目標而做出的改變。

同樣的，這些更改是合法的，只要符合合理性與一致性即可。你甚至可以在某個月從銷貨成本中取出一筆費用，然後在下個月申請將其重新放回去。你所需要的只是一個夠好的理由來說服會計長（重大的更改則需說服審計人員）——如果是重大的更改，則需要揭露這項更改。當然，每一段時期都在不斷改變規則，這件事將就會非常糟糕。我們都需要會計師做的一件事就是一致性。

營運支出：哪些是必要的？

從銷貨成本中扣除後，成本要放在哪裡？「項目之下」在哪裡？這是另一個基本的成本類別，也就是營運支出。有些公司將營運支出稱為業務、一般和管理費用（SG&A，或簡稱 G&A），而有些公司則將這個視為一個子類別，並將業務和行銷另外視為一個項目。通常，公司會根據各項費用的相對規模來決定。微軟（Microsoft）選擇將業務和行銷單獨列出，因為業務和行銷占公司費用的很大一部分。相較之下，生技公司 Genentech 的業務、行銷費用則列入業務、一般和管理費用，這是比較典型的方法。由於研發成本相對重要，兩間公司都將其分開。因此，請注意你的公司如何組織這些費用。

營運支出

營運支出是另一大類費用。這個類別包括與製造產品或提供服務沒有直接關係的成本。

營運支出通常被認為是「經常性支出」，並以此稱呼。這個類別的支出包括租金、水電費、電話、研究和行銷等專案，還包括管理團隊和員工的薪資──人力資源、會計、資訊等──以及會計師決定不屬於銷貨成本的所有其他項目。

你可以將營運支出視為企業的膽固醇。好的膽固醇使你健康，而壞的膽固醇會堵塞你的動脈。好的營運支出使你的業務強大，而壞的營運支出會拖累你的獲利，並阻止你利用商機。（不良營運支出的另一個名稱是「不必要的官僚」。也就是「肥油」。你也許能想出其他的詞來形容。）

關於銷貨成本和營運支出，還有一點需要注意。

你可能會認為：銷貨成本屬於「變動成本」──也就是會隨著生產量變動的成本；營運支出則是固定成本。

舉例來說：原材料是一種變動成本，因為生產越多，就需要購買更多的原料。而原材料確實包含在銷貨成本中；人資部門的員工薪資則屬於固定成本，因為無論生產多少產品，薪資基本上都不會改變，並且歸入營運支出。

然而，實際情況並沒有這麼簡單。例如：主管的薪資若被歸入銷貨成本，那麼這項成本在短期內是固定的，不論生產 10 萬件產品還是 15 萬件，主管薪資都不會因此變動；銷售費用通常列為業務、一般與管理費用的一部分，但如果公司採取業務抽成制，那麼銷售費用在某種程度上是變動的，因為業務員的抽成會隨業績變動。但即便如此，這筆費用仍然歸入營運支出，而不是銷貨成本（編按：也就是說，銷貨成本和營運支出的分類方式是根據企業財務報表架構決定，而非單純依據成本的變動性或固定性）。

折舊和攤銷的力量

通常隱藏在業務、一般和管理費用項中的另一部分營運支出，就是折舊和攤銷。這筆費用的處理方式，會對損益表上的獲利產生很大的影響。

我們在本 Part 的前面描述了一個折舊的範例——買一輛貨車送貨，然後將成本分攤到我們認為貨車將可使用的三年期間。正如我們所說，這是配合原則的一個例子。一般來說，折舊是實體資產（例如貨車或機器）在其估計使用壽命內的「費用化」。這一切都表示會計師計算出資產可能使用的時間，從其總成本中扣除適當的部分，並將該金額計入損益表上的費用。

然而，在這一些枯燥的句子中隱藏著一個強大的工具，財務藝術家可以將其付諸實踐。這裡值得詳細介紹一下，因為你會明確地看到折舊的假設會對任何公司的獲利造成影響。

為簡單起見，假設我們創辦了一間快遞公司並且有一些客戶。在第一個完整營運的月份，我們的業務價值 1 萬美元。我們還產生 5,000 美元的直接成本（司機薪資、汽油等）和 3,000 美元的間接成本（租金、營運支出等）。那個月的月初，公司買了一輛價值 36,000 美元的貨車來送貨。由於我們預計貨車可以使用三年，因此我們將其折舊為每月 1,000 美元（使用簡單的直線折舊法）。

一個大幅簡化的損益表可能如下所示：

圖表 8-1　快遞公司的損益表

收入	$10,000
銷貨成本	5,000
毛利	5,000
支出	3,000
折舊	1,000
淨利	$ 1,000

但是我們的會計師沒有水晶球。他們不知道這輛貨車能不能用整整三年。這只是他們所做的假設。請考慮一些替代的假設：

- 他們可能認為貨車只能使用一年，在這種情況下，他們必須將其折舊為每月 3,000 美元。這使獲利減少了 2,000 美元，並使公司從淨利 1,000 美元變為虧損 1,000 美元。

- 或是，他們可以假設貨車能持續使用六年（72 個月）。在這種情況下，每個月的折舊就只有 500 美元，淨利將躍升至 1,500 美元。

在第一種情況下，我們突然處於虧損。在第二種情況中，我們的淨利增加了 50%。而這一切的差別都只是改變一個關於折舊的假設。當然，會計師必須遵循一般公認會計原則，但一般公認會計原則允許很大的靈活性。無論會計師

遵循哪套規則，只要資產使用年限超過單個會計期間，就需要進行估算。財務智商高的經理的工作是理解這些估計，並了解這些估計會如何影響財務。

如果你認為這純粹是學術練習，請考慮廢棄物管理公司（Waste Management Inc.，WMI）的知名例子。廢棄物管理公司原本是一個了不起的企業成功故事，是垃圾運輸業的領導者。因此，當公司宣布將從其收益中減少35.4億美元的稅前費用（一次性沖銷）時，每個人都感到非常震驚。有時，一次性費用是在重組之前減少的，我們將在本章後面討論。但這次不一樣。實際上，廢棄物管理公司承認它以前一直以難以想像的規模作假帳。它在過去幾年的收入比同期公布的少了35.4億美元。

發生什麼事？廢棄物管理公司最初是透過收購其他垃圾處理公司而發展起來的。它發展迅速，使公司成為華爾街的寵兒。當可收購的垃圾處理公司開始減少時，廢棄物管理公司就收購其他產業的公司。但是，雖然這間公司非常擅長垃圾運輸，卻不知道如何有效地經營其他類型的公司，於是廢棄物管理公司的獲利率下降，公司股價暴跌。為了支撐股價，經營團隊就開始尋找提高收益的方法。

他們的目光首先落在由兩萬輛垃圾車組成的車隊上，每輛垃圾車的平均價格為15萬美元。在此之前，該公司已經將貨車的折舊期間設定為8到10年，這是業界的標準做法。經營團隊認為這段時間還不夠長。一輛好的貨車可以使用12年、13年甚至14年。當你將貨車折舊計畫拉長四年時，你可以使獲利變得很好看；這就像之前提到的快遞公司的例

子被放大了數千倍一樣。但是經營團隊做的還不只如此。

他們發現還有其他資產可以執行相同的操作,例如大約150萬個垃圾箱。你可以將每個垃圾箱的折舊期從標準的12年延長到15年、18年或20年,如此一來你每年就會得到另一大筆獲利。透過操縱貨車和垃圾箱的折舊數字,公司的經營團隊能夠將稅前收益提高到驚人的7.16億美元。而這只是他們用來使獲利看起來比實際更大的眾多技巧之一,這就是最終的總額如此龐大的原因。

當然,整個錯綜複雜的網路最終瓦解了,作假的計畫通常都會瓦解。然而到了那時,拯救公司為時已晚。公司被賣給競爭對手,競爭對手保留了公司名稱,但其他的一切幾乎全都改變了。至於作假帳的肇事者,雖然有一些民事罰則,但是他們從來沒有被提起刑事訴訟。

折舊是會計學中典型的非現金費用之一。這裡往往就是一般人難以理解的地方:怎麼會有費用不是用現金支付的呢?關鍵在於,這筆錢很可能早已支付過了。舉例來說,公司已經買下了卡車,但費用並未一次全部記錄在購買當月的財務報表中,而是在卡車的使用年限內逐步分攤。

這並不代表公司每個月都需要額外支付這筆錢,而是會計上的處理方式,確保財務報表能合理反映這輛卡車對當期收入的貢獻,因此每個月的損益表都會分攤一部分卡車的成本。值得一提的是,折舊的計算方法有許多種,但你不需要深入了解這些技術細節,這些交給會計師處理就好。你只需要確保資產的使用狀況,與它帶來的收入之間有合理的匹配關係。

非現金費用

非現金費用是指在損益表上的某個期間收取，但實際上並不以現金支付的費用。一個例子是折舊：會計師每個月都會扣除一定金額的設備折舊，但公司不需支付該金額，因為設備費用之前便已支付。

攤銷的基本概念與折舊相同，但攤銷適用的是無形資產。現在的無形資產通常是公司資產負債表中重要的組成部分。專利、版權和商譽等項目（將在第 11 章中解釋）都是資產──需要花錢才能獲得，並且有價值──但不是像房地產和設備那樣的有形資產。儘管如此，這些資產仍須以類似的方式解釋。以專利為例：你的公司必須購買專利，或是進行其背後的研究和開發後申請專利。現在這項專利正在幫你帶來收入，因此，公司必須將專利成本與所帶來的收入配合，一次一點點。但是，當資產是無形資產時，會計師將其稱為攤銷而不是折舊。我們不確定為什麼這麼做──但不管是什麼原因，這都是令人困惑的根源。

另外，經濟性的貶值意思是資產會隨著一段時間過去而貶值。事實上：用於送貨業務的貨車確實會隨著年份的增加而失去價值。但會計折舊和攤銷比較是關於成本分配，而不是價值的損失。例如，一輛貨車可能分為三年折舊，因此在這段時間結束時的會計價值為零。但在那段時間結束時，貨車在公開市場上可能仍然有一些價值；專利可以在其使用壽

命內攤銷,但如果技術已經被超越,那麼無論會計師怎麼說,專利的價值在幾年後可能接近於零。因此,資產很少像帳面上所顯示的那麼值錢。(我們將在 Part 3 中更詳細地討論會計或「帳面」價值。)

留意一次性費用

　　會計在某些方面就像人生,有許多東西無法整齊歸類。因此,每張損益表都會有一組不屬於銷貨成本,也不屬於營運支出的支出。每家公司的報表內容可能不同,但通常你會看到「其他收入/支出」這一項,這通常與資產出售的收益或損失有關,或者涉及與公司日常營運無關的交易。此外還有「稅款」這一項,這些內容大多不需要過於擔心。然而,有一個項目往往會出現在銷貨成本和營運支出之後(但有時也會被歸類在營運支出內),這個項目對獲利能力至關重要,因此你必須理解它。這項目最常見的名稱是:一次性費用。

　　你可能偶爾會在《華爾街日報》上看到巨額沖銷(taking the big bath)或類似的東西。這就是指這些一次性費用,也稱為特殊專案、註銷、減記或重組費用。註銷就像廢棄物處理公司的案例一樣,當一間公司做錯了什麼並想要改正其帳務時會發生。更常見的是,當新的執行長接管一間公司並希望重整、重組、關閉工廠,甚至是裁員時,就會產生一次性費用。這是執行長根據他的評估來改進公司的做法,無論這麼做是對是錯。

（有時，這也是試圖將公司的業績歸咎於前任執行長，進而為隨後一年的業績改進贏得讚譽。）通常這種重整需要支付大量成本——還清租約、支付遣散費、處置設施、出售設備等。一般公認會計原則要求會計師在知道將產生費用後立即記錄費用，即使最終數字仍需估算也必須這麼做。因此，當企業進行重組時，會計師就需要估算這些費用並記錄在會計帳上。

這是一個真正的危險訊號——一個真正讓數字中的偏見顯現的好地方。畢竟，你如何真正估算重組的成本？會計師有很大的自由裁量權，如果他們的估計值太高（也就是說，如果實際成本低於預期），則必須「沖銷」一次性費用的一部分，而這比沖銷金額將增加了新會計期間的獲利，因此該期間的獲利最終高於原本的獲利——而這一切都是因為前一段時期的會計估計不準確！據說惡名遠播的夏繽（Sunbeam）執行長「電鋸艾爾」鄧拉普（"Chainsaw Al" Dunlap）將他的會計部門視為獲利中心，這可能就是原因。（順便說一句，如果你聽到管理團隊以這種方式提及會計部門，代表公司可能有問題。）

當然，重組費用的估算也可能過低。這樣的話，企業就必須在之後的某個時間點再次認列一筆重組費用。這會導致財務數字變得混亂，因為這筆費用其實並未與當期的營收相匹配。在這種情況下，公司的獲利將低於原本的水準，但根本原因仍然是先前的會計估算有誤。

幾年前，美國電話電報公司（AT&T）就曾長期頻繁地認列「一次性」重組費用。儘管公司不斷對外強調：「若不

計重組費用，盈餘其實是在增長的！」但問題是，經過連續多年的重組費用侵蝕後，AT&T的財務狀況依然相當糟糕。

此外，如果一家公司連續多年都在認列「一次性」重組費用，那這些費用真的還能算是「一次性」的嗎？當時，美國證券交易委員會前首席會計師華特・舒茲（Walter Schuetze）就曾指出，這類重組費用的處理方式，讓投資人誤以為公司的狀況比實際情況要好得多。[1]

不同人以不同的方式追查費用

本節並非討論作假帳，也不是要討論如何在規則範圍內美化財報。這裡要談的是：誰在查看財務數字，以及這些數字是如何被使用的。大多數公司會以至少兩種方式來追蹤費用，有些甚至會使用超過兩種方式，這麼做的目的，是既要符合財務規則，也要利用財務資訊來管理企業。

這怎麼可能呢？其中一個原因是，一般公認會計原則確實對損益表上的費用呈現方式做出了一定規範。費用的分類方式，以及各項費用應該歸入哪個類別，都是根據一般公認會計原則的規定，確保財報具有一致性、保守性等會計基本準則。同時，企業也會在一般公認會計原則的框架內，決定如何在對外公開的財報中呈現這些費用。例如，可口可樂在其公開的一般公認會計原則損益表中顯示以下費用：

- 銷貨成本
- 銷售、一般和管理

- 其他營運費用
- 利息支出
- 所得稅

一切都很好,但這些類別真的能幫助經理管理部門嗎?我們不知道可口可樂的內部損益表,但以下是我們認為許多經理(母公司和裝瓶部門)需要了解的一些類別。例如,他們會想知道在以下方面花了多少錢:

- 用於製作飲料的每種成分,按飲料細分。
- 與交付產品相關的所有成本,充分的細節,以便管理成本。
- 部門成本,例如會計、人力資源、資訊等。
- 按產品、廣告活動等細分的銷售和行銷成本。

最後,一些公司會分享他們在納稅申報表中向政府報告的內容。這些數字可能與對經理有用的數字相差很多。納稅申報遵循稅務規則,這些規則與一般公認會計原則不同。申報表可能是由稅務會計師準備的,稅務會計師是這個行業的一個子專業。因此,納稅申報表看起來與傳統的財務報表不同。這不是作假帳,只是以不同的方式看待同一個現實。

第 9 章

比較不同名目的利潤計算方式

到目前為止，我們已經討論了銷售額，或者可稱為營收——也就是損益表的最上方數字——以及成本與費用。營收減去成本與費用，得到的就是獲利。

當然，這個數字有時候也被稱為盈餘、收入，甚至是毛利。更令人驚訝的是，有些公司可能在同一份財報中，會同時使用這些不同的詞來表示獲利。

例如，一份損益表可能會包含毛利率、營業收入、每股盈餘等項目，這些都代表不同層次的獲利，但公司也可能使用毛利、營業利益、淨利和每股獲利來表示相同的概念。

當同一份財報中使用不同的詞彙時，看起來好像在談論不同的財務概念，但實際上這些都是獲利的不同表現形式。

▌毛利：多少才夠？

毛利（營收減去銷貨成本或服務成本）是大多數公司的關鍵數字。它告訴你產品或服務的基本獲利能力。如果你的這部分業務沒有賺錢，那麼你的公司可能不會生存多久。畢

竟，如果你沒有產生良好的毛利，怎麼能指望支付毛利下方的費用呢，包括管理團隊薪酬在內？

獲利
獲利是從營收中減去費用後剩餘的金額，有三種基本類型：毛利、營業利益和淨利。每個都是從營收中減去某些類別的費用而計算出來的。

但是健全是什麼意思呢？多少毛利才算夠？這因產業而異，即使在同一行業中，每一間公司也可能有所不同。在雜貨業務中，毛利通常占銷售額的一小部分。在珠寶業，這個比例通常要大得多。在其他條件相同的情況下，營收較大的公司就算毛利率比較低，也可以比規模較小的公司發展得更好。（這就是沃爾瑪銷售商品的訂價如此低的原因之一。）

要衡量公司的毛利，你可以與業界標準比較，尤其是對於你所在產業類似規模的公司。你還可以查看逐年趨勢，查看你的毛利是上升還是下降。如果是下降，你可以問為什麼。生產成本是否在上升？你的公司是否沒有計入部分營收？了解毛利變化的原因（如果是的話）有助於管理人員弄清楚應該將注意力集中在何處。

順帶一提，儘管大多數損益表都遵循我們描述的格式，但有少量值得關注的損益表將銷貨成本或服務成本放在一個稱為營運支出的子項目下。這些損益表根本不顯示毛利項

目。微軟就是一間使用這種格式的公司。這件事給我們的教訓是什麼？密切關注項目，並使用你自己的財務智商，以評估公司如何組織其費用，以及你應該如何評估獲利的項目。

毛利

毛利是營收減去銷貨成本或服務成本。這是公司支付了製造產品或提供服務所產生的直接成本後剩餘的部分。毛利必須足以支付企業的營運費用、稅款、融資成本和淨利。

然而，在這裡你也要密切關注數字中可能存在的偏差。有關何時認列營收，以及有關在銷貨成本中要包含哪些內容的決定，可能會對毛利造成很大的影響。假設你是一間市場研究公司的人力資源主管，你發現毛利正在下降。你查看這些數字，一開始看起來，似乎是服務成本上升了。因此，公司開始考慮刪減服務成本，甚至可能包括裁撤部分人員。

但是當你再深入挖掘時，發現以前被列在營運費用中的薪資，現在被轉移到銷貨成本中。所以事實上服務成本沒有上升，裁員將是個錯誤。現在你必須與會計人員交談。他們為什麼要將薪資轉移至其別的項目中？會計為什麼不告訴你？如果這些薪資要留在銷貨成本的項目中，那麼可能需要降低公司的毛利目標。但其他全都不需要改變。

營業利益是健全的關鍵

營業利益是毛利減去營運支出或業務、一般和管理費用，包括折舊和攤銷。通常以一個縮寫來表示：EBIT（發音為 EE-bit）。EBIT 代表息前、稅前盈餘。（請記住，盈餘〔earnings〕只是獲利的另一個名稱）。利息和稅金尚未從營收中扣除。為什麼呢？

因為營業利益是公司從其所從事的業務（營運）中獲得的利潤。稅金與你經營業務的狀況無關。利息支出要視公司是用債務還是股權融資（我們將在第 12 章中解釋這種差異）而定，但公司財務結構，不能反映營運情況的好壞。

營業利益（EBIT）

營業利益是毛利減去營業支出，其中包括折舊和攤銷。換句話說，這顯示了經營公司所獲得的利潤。

因此，營業利益或稱 EBIT，是衡量公司管理情況的良好指標。它受到所有利益相關者的密切關注，因為它反映出對公司產品或服務的總體需求（營收），以及公司交付這些產品或服務的效率（成本）。銀行和投資人會查看營業利益，以查看公司是否有能力償還債務，並為股東賺錢；供應商也藉此確認公司是否有能力支付帳單。（然而，正如我們稍後將看到的，營業利益並非總是衡量這一點的最佳指標。）大

客戶會查看營業利益,以確定公司是否經營得有成效,並且可能會繼續經營下去。另外,精明的員工也會查看營業利益的數字。健全且不斷成長的營業利益顯示員工將能夠保住工作,而且可能有機會升遷。

但是,請記住,數字中的潛在偏差也會影響營業利益。是否有任何一次性費用?折舊項目中有什麼?正如前文所示,折舊可以影響獲利。有一段時間,華爾街的分析師會密切關注公司的營業利益(EBIT)。但後來大家發現某些作假帳的公司,其實是在玩折舊遊戲(回想一下廢棄物管理公司),因此他們的 EBIT 數字值得懷疑。不久後,華爾街開始關注另一個數字—— EBITDA(發音為 EE-bid-dah),也就是息前、稅前、折舊、攤銷前利潤。有些人認為 EBITDA 是更好的指標以衡量公司營運效率,因為它完全忽略了折舊等非現金費用。(最近,另一個數字——自由現金流——已成為華爾街的寵兒。你將在 Part 4 後面的知識補給站中學到這個東西。)

淨利以及如何計算

現在我們終於要談獲利了。淨利,通常是損益表的最後一行,也是扣除所有東西後的剩餘——扣除銷貨成本或服務成本、營運費用、一次性費用、非現金費用(如折舊和攤銷)、利息和稅款。當有人問「底線是多少」時,這所指的幾乎都是淨利。用於衡量公司的一些關鍵數字,例如「每股盈餘」和「本益比」,都是以淨利為主。是的,

奇怪的是,人們並沒有直接稱這些為「每股獲利」和「價格/獲利比」。

> **淨利**
> 　　淨利是損益表的最後一項:從營收中減去所有成本和費用後剩下的錢。它是營業利益減去利息支出、稅額、一次性費用和未包含在營業利益中的任何其他費用。

　　如果公司的淨利低於應有的程度怎麼辦?這可能是一個大問題,尤其是因為經營團隊的獎金可能與是否達到利潤目標有關。有時候,有些人決定規避會計規則,以使獲利看起來更好。例如,房利美(Fannie Mae)——在美國抵押貸款市場發揮重要作用的政府資助企業——被指控在1998年至2004年的六年期間,犯下「廣泛的金融詐欺」罪。詐欺的目標是讓盈餘看起來好像符合目標,好讓其經營團隊能領取數百萬美元的獎金。[1]

　　除了作假帳外,只有三種可能的方法可以解決低獲利能力的問題。一,公司可以提高可獲利的銷售額。這種解決方案幾乎總是需要很多時間,你必須找到新市場或新潛在客戶,完成銷售周期,等等。第二,公司可以弄清楚如何降低生產成本並提高經營效率,也就是減少銷貨成本。這也需要時間:你需要研究生產過程,找出低效率的地方,

然後實施更改。**第三，公司可以刪減營運支出**，這幾乎總是代表要裁員。這通常是唯一可用的短期解決方案。這就是為什麼這麼多執行長在接管陷入困境的公司時，都是從刪減經常性支出中的薪資開始的。這麼做可以使盈餘看起來更快變好。

當然，裁員可能會適得其反，使公司士氣受創。新執行長想要留住的優秀人才，可能會開始去其他地方找工作。而這並不是唯一的危險。例如，「電鋸艾爾」鄧拉普多次使用裁員策略，來提高所接管公司的盈餘，華爾街通常也因此獎勵他。但是當他來到夏繽時，這個策略並沒有奏效。是的，他裁員了，是的，盈餘也提升了。事實上，華爾街對該公司提高的獲利能力非常滿意，而把夏繽的股價推得很高。但鄧拉普的策略一直是賣掉公司賺錢——現在則因為其股價溢價，使公司對潛在買方來說太貴而無法考慮。在沒有買方的情況下，夏繽就變得不穩，結果問題變得明顯，電鋸艾爾就被董事會開除了。

這件事的教訓是什麼？對於大多數公司來說，最好進行長期管理，專注於提升銷售額與獲利，並降低成本。當然，可能必須降低營運支出。但是，如果這是你唯一的關注點，那麼你可能只是在延遲清算的日子。

邊際貢獻——看待利潤的不同方式

到目前為止，我們已經研究了三個不同層級的獲利——毛利、營業利益和淨利。這些全都反映了損益表按照一定順序組織的事實：從營收開始，減去銷貨成本就計算出毛利，減去營業支出就計算出營業利益，減去稅額和利息以及其他一切，就計算出淨利。然而，如果我們用不同的方式來分類費用，可能會得出另一種利潤指標，並進一步了解公司的經營管理狀況。這正是「邊際貢獻」這項特殊利潤指標的核心概念。

> **邊際貢獻**
> 邊際貢獻表示你從銷售的商品或服務中賺取了多少獲利，而不考慮公司的固定成本。計算方式就是從營收中減去變動成本。

邊際貢獻是營收減去變動成本。它顯示了你在考慮固定成本之前，從你銷售的產品中獲得的利潤。請記住我們在第8章討論的內容：變動成本與銷貨成本或服務成本不同。所以邊際貢獻與毛利不同。

以下是用於邊際貢獻分析的損益表：

圖表 9-1　邊際貢獻分析損益表範例

邊際貢獻分析損益表

營收

變動成本

邊際貢獻

固定成本

營業利益

利息 / 稅金

淨利（淨損）

　　邊際貢獻顯示扣除變動成本後，可用於支付固定費用，並為公司提供獲利的總額。實際上，它顯示了你必須生產多少才能支付固定成本。

　　邊際貢獻分析還可以幫助經理人比較產品、決定是否增加或減少產品線、決定如何為產品或服務定價，甚至如何建構業務佣金。舉例來說，一間公司可能應該保持一條邊際貢獻為正的產品線，即使以傳統方式計算的獲利為負。它產生的邊際貢獻有助於支付固定成本。但是，如果邊際貢獻為負，則公司每生產一個單位就會虧損。既然無法用數量來彌補這種損失，公司就應該要放棄產品線或提高價格。

匯率對獲利能力的影響

　　有時候營運經理無法控制影響獲利的因素。匯率就是一個例了，在我們的全球經濟中，匯率對許多公司的重要性愈

來愈高。

匯率只是以一種貨幣來表示另一種貨幣的價格。例如,美國人在 2011 年秋季前往香港,可以用 1 美元換到約 7.8 港幣。換句話說,這 7.8 港幣的價格是 1.00 美元。但是,匯率會隨著時間而發生很大的變化。匯率的波動要視貿易量、政府預算、相對利率和許多其他變數而定。

每當企業跨國經營業務時,其營運的獲利能力都會受到匯率波動的影響。在最簡單的例子中,假設一間美國製造商在香港以 78 萬港幣,也就是約 10 萬美元的價格出售機器（2011 年底）。然後假設美元兌港幣貶值,也就是說,你現在需要超過 1 美元才能換到 7.8 港幣。假設新的匯率為 6.8 港幣兌美元。製造商的機器收到了同樣的 78 萬港幣,但現在這筆錢的價值是 11 萬 4,706 美元。

在其他條件相同的情況下,這些銷售額的獲利率比以前高出 14.7%。製造商可以賺到差價,也可以決定降低價格以增加需求。當然,如果美元兌港幣升值,情況就會正好相反。在這種情況下,從香港買東西的人和公司將受益,而在那裡銷售的人和公司則是遭受損失（編按：在這個案例中,指的是使用美元交易的外地人）。

當然,許多公司的海外業務都非常複雜。他們在國內生產　些產品,在國外生產一些產品。他們雙向運送貨物,並從一個外國運送到另一個外國。每一筆國際交易都涉及一些風險,也就是匯率會朝著不利的方向波動,而且交易的獲利將低於預期。

儘管經營公司的經理無法影響匯率,但金融人員可以而

且確實採取行動，以保護自己不受這些風險的衝擊，例如，他們可以買進金融工具，以便用預定價格購買或出售某些貨幣，進而鎖定匯率。這種金融界所熟知的避險方式，有助於防止利率出現意外的變化造成虧損。當然，避險是需要花錢的，而且並不是一定沒有瑕疵。因此，雖然公司可以減少匯率對獲利能力的衝擊，但很少能完全消除衝擊。

Part 2　知識補給站

▌了解差異

差異就是不一樣的地方。可能是預算與實際數字（當月或當年度）的差異，或者本月與上月的實際數字差異等等。變異可以用金額或百分比來表示，甚至兩者兼有。但通常百分比更實用，因為它能快速且直觀地比較兩個數據的差距。

如何判斷差異是好是壞？閱讀財務報告時，差異的「好壞」有時不容易直接判斷，例如，如果收入高於預期，這是好事；而費用高於預期則是壞事。有時，財務部門會貼心地用括號或負號來標示不利的變異，但這並非一定的規則，很多時候需要自己判斷。

我們建議：實際計算幾個差異，判斷哪些是好的，哪些是不好的，然後檢查財報中變異的顯示方式。括號或負號可能只是數學上的差異，而不代表好壞。收入項目可能用括號表示「好」（收入高於預期），但費用項目的括號可能代表「壞」（費用超支）。閱讀時要特別留意財報的標示方式，以免誤判數據的意義。

▌非營利組織的獲利

非營利組織使用與營利性公司同樣的財務報表，包括損益表。非營利組織也有一個盈餘，表示營收和支出之間的差

異，就像具營利性質的公司一樣。有時他們使用的表格底部名義不同，但仍然是盈餘或虧損。事實上，非營利組織也需要賺錢。如果它收到的錢比付出的還要少，要怎麼長期生存下去呢？它必須賺取盈餘才能投資未來。唯一的區別是，非營利組織不能將盈餘分配給其組織的擁有者，因為它沒有擁有者。當然，非營利組織不繳稅。我們經常將非營利組織稱為「不課稅」組織，因為它們就是不會被課稅的組織。

多年來，一些非營利組織聘請我們公司，為員工提供財務培訓。為什麼非營利組織會請我們來教導財務？最常見的答案是，該組織沒有賺到足夠的錢以生存，因此管理團隊希望提高每個人的財務智商。在非營利組織中，財務智商與在營利性的商業世界中一樣重要。

快速回顧：「百分比」和「百分比變化」

分析損益表的兩種常見方法是「百分比」和「百分比變化」。每個人都在學校學過百分比的計算，但你可能已經忘記了。因此，如果你需要提醒，請快速查看一下。

百分比告訴你的是一個數字占另一個數字的比例。舉例來說，如果你去年在材料上花費了 6 萬美元，而當年的營收是 50 萬美元，你可能想知道你的營收中有多少百分比是使用於買進材料。計算如下：

$$\frac{\$60,000}{\$500,000} = 0.12 = 12\%$$

相較之下，百分比變化是數字從一個期間到下一個期間，或從預算到實際變化的百分比。從一年到下一年的百分比變化公式如下：

$$\frac{（當年－前一年）}{前一年}$$

舉例來說，如果去年的營收是 30 萬美元，今年的營收是 37 萬 5,000 美元，則百分比變化如下：

$$\frac{\$375,000 - \$300,000}{\$300,000} = \frac{\$75,000}{\$300,000} = 0.25 = 25\%$$

Part 3

財務三表之二：
資產負債表

第10章

資產負債表的基礎原理

關於財務報表有一個令人難以理解的事實。也許你已經注意到了。

將公司的財務狀況交給業界經驗豐富的經理人看,他先找的會是損益表。大多數經理人都會(或是希望能)承擔「損益表責任」。他們有責任正確處理各種形式的獲利。損益表對他們來說是最終記錄績效的地方,因為它反映出公司在特定期間內的財務績效。所以這就是他們會先看的。

現在把相同的財務狀況提供給銀行、經驗豐富的華爾街投資人,或資深的董事會成員。這個人將翻找的第一份文件,絕對會是資產負債表。事實上,這個人可能會仔細研究資產負債表一段時間。然後再翻找損益表和現金流量表──但最後總是會再回到資產負債表。

為什麼經理人不做專業人士做的事呢?為什麼他們只注意損益表呢?我們總結出三個因素:

- **資產負債表比損益表更難懂**。畢竟損益表非常直覺易懂。資產負債表則不是──至少在你了解基礎知識之

前不會覺得這很好懂。

- **大多數公司的預算流程都專注於收入和支出。**換句話說，預算類別或多或少與損益表一致。如果不了解預算就不可能成為經理——這自動表示你熟悉損益表上的許多項目。相比之下，資產負債表的數字對營運經理的預算而言並不重要（儘管財務部門肯定會對資產負債表帳目制訂預算）。

- **管理資產負債表需要比管理損益表更深入了解財務。**你不只必須知道各個類別指的是什麼，還必須知道這些是如何組成的。你還必須了解資產負債表的變化如何影響其他財務報表，反之亦然。

我們猜你也對資產負債表有點畏懼。但是請記住：我們關注的是財務智商——了解如何衡量財務結果，以及身為經理、員工或領導者，你可以做些什麼來改善結果。我們不會深入探討資產負債表的晦澀細節，只會聚焦於幫助你理解這份報表的核心要素，以及如何利用它進行有價值的分析。

顯示目前的情況

那麼資產負債表是什麼？它就只是企業在特定時間點擁有的東西和欠的東西的聲明，不多也不少。公司擁有的資產與所欠資產之間的差額，就是權益（equity）。正如公司的

目標之一是提高獲利能力一樣，另一個目標是增加資產。碰巧的是，這兩者密切相關。

這種關係是什麼？請參考以下這個類比。獲利能力有點像你在大學的課業成績。你花了一個學期的時間寫論文和參加考試。在學期結束時，老師會統計你的表現，並給你一個A⁻或C⁺或其他任何成績；而權益比較像是你的平均成績。你的平均成績反映的永遠是你的累計表現，但只在一個時間點。任何一個成績都會影響平均成績，但不會決定它最終的結果。損益表對資產負債表的影響，非常類似於單次成績影響平均成績的方式。

在任何一段期間獲利，資產負債表上的淨值就會顯示增加；虧損時則會顯示減少。一段時間下來，資產負債表的權益部分顯示了企業中剩餘的累計獲利或虧損；這個項目稱為保留盈餘（retained earnings），有時稱為累計盈餘。如果公司一段時間累積淨虧損，那麼資產負債表的這一部分將顯示一個負數，稱為累計虧損（accumulated deficit）。

但是在這裡，理解資產負債表也表示理解其中的所有假設、決策和估計。資產負債表與損益表一樣，在許多方面都可以算是一件藝術成果，而不只是一個計算的結果。

權益

　　權益是股東在公司的「股份」,由會計規則衡量。它也稱為公司的帳面價值。在會計術語中,權益始終是資產減去負債;它也是股東支付的所有資本加上公司自成立以來賺取的任何獲利,減去支付給股東的股利總和。總而言之,這就是會計公式。請記住,一間公司的股票實際價值,就是願意買進的人為股票支付的價格。

個人和企業

　　既然資產負債表如此重要,我們想從一些簡單的教訓開始。請耐心看完——在這種情況下,先學會爬才能學走路。

　　首先,我們再來假設一個人在特定時間點的財務狀況或財務價值。你把這個人擁有的東西加起來,減去他所欠的,得出他的淨值:

　　擁有－欠款＝淨值

另一種表達同樣事情的方式是這樣的:

　　擁有＝欠款＋淨值

對於個人，擁有權的類別可能包括銀行中的現金、房屋和汽車等大件物品，以及一個人可以聲稱擁有的所有其他財產，還將包括股票和債券等金融資產或退休帳戶。「欠款」的類別包括抵押貸款、汽車貸款、刷卡金額和任何其他債務。請注意，我們暫時不討論如何計算其中一些數字的問題，例如房子的價值是多少──這個人為它支付了多少錢，或是它今天可能會帶來什麼？汽車或電視又如何？你可以在這裡看到財務的藝術，稍後會有詳細的介紹。

現在從個人轉移到企業。相同的概念，不同的用語：

- 公司擁有的資產稱為資產。
- 它所欠的稱為負債。
- 它的價值稱為業主權益或股東權益。

現在基本方程如下所示：

資產－負債＝業主權益

或是這個：

資產＝負債＋業主權益

第二種公式可能是你幾年前上的基礎會計課程中學到的，這是資產負債表的標準方程式。老師可能稱之為基本會計方程式。你還學到，它反映了資產負債表的兩邊：一邊是

資產,另一邊是負債和業主權益。一邊的總和必須等於另一邊的總和;資產負債表的兩邊必須平衡。在你閱讀本書的這一 Part 時,你就會明白為什麼了。

閱讀資產負債表

首先請找一份資產負債表樣本,可以是你自己公司的或年報中的資產負債表樣本。(也可以看附錄中的範例〔圖表34-2〕。)由於資產負債表顯示的是公司在某個時間點的財務狀況,因此最上面應該有明確的日期。通常是月底、季底、年底或會計年度的年底。當你同步查看財務報表時,你通常希望看到一個月、一季或一年的損益表,以及報告期間的期末資產負債表。與損益表不同的是,資產負債表幾乎總是指整個組織。

有時候,大企業會為其營運部門編製子公司資產負債表,但很少為單一設施建立子公司資產負債表。我們稍後將看到,會計專業人士必須在資產負債表上進行一些估算,就像他們處理損益表一樣。還記得我們在第 8 章討論折舊時描述的送貨業務嗎?貨車折舊的方式不只會影響損益表,還會影響資產負債表上顯示的資產價值。其實,**損益表中的大多數假設和偏差,都會以某種方式進入資產負債表中**。

資產負債表有兩種典型格式。傳統的模型在頁面左側顯示資產,在右側則顯示負債和業主權益,負債位於最上面。不太傳統的格式則是將資產放在最上面,負債放在中間,業主權益放在最下面。無論採用何種形式,「餘額」都是一樣

的:資產必須等於負債加上業主權益。(在沒有股東的非營利組織中,業主權益有時被稱為「淨資產」(net assets)。資產負債表通常顯示最近一年的 12 月 31 日和前一年的 12 月 31 日的比較數據。查看欄的標題,以確認你正在比較的時間點。

會計年度

會計年度是公司用於會計目的的任何 12 個月期間。許多公司使用日曆年,但有些公司使用其他時間段(例如 10 月 1 日至 9 月 30 日)。一些零售商使用特定的週末做為其會計年度的結束日,例如每年的最後一個星期日。你必須知道公司的會計年度,以確定你正在查看的資訊有多新。

與損益表一樣,一些組織的資產負債表上也有不尋常的項目專案,在本書中不會找到這些專案。請記住,其中許多專案可能在註腳中澄清。事實上,資產負債表之所以惡名昭彰,就是因為它的註腳。舉例來說,可口可樂(Coca-Cola)2010 年的年報中就包含了 61 頁的註腳,其中許多與資產負債表有關。公司通常會在註腳中包含標準的免責聲明,以說明我們在本書中提出的財務藝術。例如,可口可樂就寫道:

本公司管理團隊負責編製並確保本公司年度報告中合併財務報表的完整性。財務報表是根據適用情況下的一般公認會計原則所編製，因此包含基於我們最佳判斷和估計的特定數據。本年度報告中的財務資訊與財務報表保持一致。

如果註腳沒有給你必要的啟發，你可以將它留給財務領域的專業人士。（但是，如果你想知道的事情很重要，那麼就去找你的財務部門詢問內容以及其連帶影響的數字。由於資產負債表對大多數管理者來說都是新知識，因此我們想先帶你了解最常見的項目內容。有些乍看之下可能很奇怪，但不要擔心：只要記住「擁有的」和「積欠的」之間的差別就好了。與損益表一樣，我們會在這個過程中暫停一下，並看看哪些項目最容易被動手腳。

第11章

總資產包含的項目

資產是公司擁有的東西：現金和證券、機器和設備、建築物和土地等等。在美國，資產負債表上最先出現的通常都是流動資產，包括可以在不到一年的時間內轉化為現金的任何東西。長期資產包括使用壽命超過一年的實體資產，通常是任何已折舊或攤銷的資產，還可以包括土地、商譽和長期投資，這些投資都不會折舊。

資產類型

當然，在這些廣泛的類別中有許多項目。我們將列出最常見的——幾乎出現在每一間公司的資產負債表上的那些。

現金與約當現金

這是實體的錢，包括銀行裡的錢、貨幣市場帳戶中的資金、還有公開交易的股票和債券——可以在一天或更短時間內變成現金的那種資產。這個類別的另一個名稱是流動資產（liquid assets）。這是少數不受會計師自由裁量權約束的項

目之一。當微軟說公司擁有560億美元的現金和短期投資，或是任何最新公布的數字時，這表示它真的就是有這麼多資產，存在銀行、基金和公開交易的證券裡。當然，公司可能會說謊。2003年，義大利巨頭公司帕瑪拉特（Parmalat）公布的資產負債表指出，公司在美國銀行（Bank of America）的帳戶中有數十億美元，但是其實並沒有這麼多錢。2009年，一間大型印度外包公司薩揚電腦服務公司（Satyam Computer Services）的執行長就承認，他「膨脹了資產負債表上的現金金額……將近10億美元」。[1]

應收帳款（AR）

這是客戶欠公司的金額。請記住，營收是付款的承諾，因此應收帳款包括所有尚未收款的承諾。為什麼這是一項資產？因為這裡面的全部或大部分都被承諾將轉化為現金，並且很快就會進到公司帳戶裡。這就像公司提供給客戶的貸款，而公司擁有客戶的債權。應收帳款是經理需要密切關注的一個項目，尤其是因為投資人、分析師和債權人也可能密切關注這個項目。我們將在Part 7中詳細介紹如何管理應收帳款，並且討論營運資金。

有時候，資產負債表包括一個標記為「壞帳準備金」的項目，這是從應收帳款中減去的。這是會計師對不支付帳單的客戶所欠金額的估計（通常根據過去的經驗）。對許多公司來說，減去壞帳準備金可以更準確地反映這些應收帳款的價值。但是請注意：估計已經悄悄出現了。事實上，許多公司將壞帳準備金當成使盈餘變得「平滑」的工具。當你增加

資產負債表上的壞帳準備金時,必須在損益表上記錄獲利支出。這會降低你公布的盈餘。同樣的,當你減少壞帳準備金時,這樣的調整會增加損益表上的利潤。由於壞帳準備金一直都是個估計值,因此這有一些主觀性的空間。

使盈餘「平滑」

你可能會認為華爾街希望公司的獲利大幅飆升——這表示為股東帶來更多的錢,對吧?但是如果獲利飆升是不可預見且無法解釋的,尤其是如果讓華爾街感到意外,投資人可能會有負面的反應,將其視為管理團隊無法控制業務的跡象。因此,公司喜歡使盈餘「平滑」,保持穩定和可預測的成長。

庫存

服務業通常沒有太多庫存,但幾乎所有其他公司(製造商、批發商、零售商)都有。庫存數字有一部分是準備出售的產品的價值。這稱為成品庫存。另一部分通常只與製造商相關,是正在製造的產品的價值。會計師將這個在製品庫存稱為 WIP(work-in-process,在製品)。另外,還有用於製造產品的原料庫存。它的名稱當然就是——原料庫存。

會計師可以花好幾天談論評估庫存的方法,而且真的也會這麼做。但我們完全不打算花時間談這件事,因為它不會真正影響大多數經理人的工作。(當然,如果你的工作是庫

存管理，會計師的討論對你的影響會很大──你應該去找關於這個主題的書來讀。）但是不同的存貨估值方法通常會顯著改變資產負債表的資產。如果公司在某一年改變了對庫存的估值方法，則這個事實應該出現在資產負債表的註腳中。許多公司在註腳中詳細說明他們是如何計算庫存的，就像巴諾書店（Barnes & Noble）在最近的一份年報中所指出的：

> 商品庫存以成本或市值中的較低者表示。成本主要是由零售庫存方法決定，並採用先進先出法（FIFO）和後進先出法（LIFO）兩種方式。本公司 97% 的商品庫存採用零售庫存法。截至 2011 年 4 月 30 日和 2010 年 5 月 1 日，本公司 87% 的零售庫存按 FIFO 基礎進行估值。巴諾學院（B&N College）的教科書和通俗書籍庫存使用 LIFO 方法進行估值，其中相關儲備對本公司庫存或經營業績的記錄金額影響不大。

但是身為經理人，你需要記住的是，**所有庫存都需要花錢**。這是以現金為代價所建立的。（也許你聽人說過「我們所有的現金都被綁在庫存中」，但我們希望你不會經常聽到這句話。）事實上，這是公司改善現金狀況的一種方式。在其他條件相同的情況下，減少庫存就能提高公司的現金水準。公司總是希望盡可能不要有太多庫存，前提是當客戶來電訂貨時，公司仍然有可用於製造流程的材料和產品。我們將在本書稍後回來談這個主題。

不動產、廠房和設備（PPE）

這個項目包括建築物、機械、貨車、電腦，還有公司擁有的所有其他實體資產。「土地、廠房和設備」這個數字是公司用於經營業務的所有設施和設備的總成本。請注意，此處的相關成本是採購的價格。如果不持續做評估，沒有人能真正知道公司的房地產或設備在公開市場上可能值多少錢。因此，必須遵循保守原則的會計師其實是在說：「我們就用我們所知道的吧，那就是取得這些資產的成本。」

使用採購價的另一個原因是為了避免更多使數字產生偏差的機會。假設一項資產（例如土地）其實已經增值了。如果我們想在資產負債表上「加價」到目前的價值，就必須在損益表上記錄獲利。但是這種獲利就只是根據某個人對這塊土地現值的看法，這不是好主意。一些公司甚至設立空殼公司，通常由公司高階經理人或其他內部人士擁有，然後將資產出售給這些空殼公司。這使他們能夠記錄這筆獲利，就像他們真的出售這筆資產一樣。但這不是投資人或證券交易委員會想要看到的那種獲利。

在本章稍後，我們將討論按市值計價會計，這要求公司按當前市場價值對某些類型的資產估值。目前只要暫時先記住，對大多數資產進行估值的基礎是它們的採購價格。當然，公司靠收購價格來評估其資產，這件事可能會造成一些驚人的異常情況。也許你在一間娛樂公司工作，而公司在三十年前以 50 萬美元的價格在洛杉磯附近購買土地。這塊地現在可能價值 500 萬美元，但在資產負債表上仍將價值列為

50 萬美元。老練的投資人喜歡在公司的資產負債表中四處尋找，藉以找到這種被低估的資產。

減：累計折舊

土地不會損壞，因此會計師不會逐年記錄折舊；但建築物和設備則會損壞。會計折舊的重點並不是估計建築物和設備現在的價值；重點是將對資產的投資分配給用於產生營收和獲利的時間（回想一下第 5 章中討論的配合原則）。折舊費是用以確保損益表準確反映生產商品或提供服務的真實成本的一種方式。若要計算累計折舊，會計師只需要將從採購資產日起的所有折舊費用相加即可。

我們在第 8 章中說明過，一間公司如何透過改變其資產折舊的方式，「神奇地」從沒有賺錢變成獲利。這種財務藝術的魔力也延伸到資產負債表。如果一間公司決定其貨車可以使用六年而不是三年，那麼公司每年在其損益表上記錄的費用會少 50%。這表示資產負債表的累計折舊減少，土地、廠房和設備淨額增加而使資產增加。根據基本會計方程式，更多的資產會以保留盈餘的形式轉化為更多的業主權益。

商譽

當一間公司收購另一間公司，收購方的資產負債表上就會有商譽。這是一間公司為取得另一間公司所支付的費用，與被收購公司的實體資產價值之間的差額。

好吧，這個解釋又臭又長。但其實這並不像聽起來那麼複雜。假設你是一間公司的執行長，正在尋找你想要收購的

公司，你發現了一間名為 MJQ 的倉儲，這間小型倉儲業務還算不錯，非常適合你的需求。你同意以 500 萬美元的價格收購 MJQ。根據會計規則，如果你支付現金，資產負債表上現金這項資產將減少 500 萬美元。這表示其他資產必須增加 500 萬美元。畢竟資產負債表還是需要左右平衡的。到目前為止，你還沒有做任何會改變負債或業主權益的事情。

收購

當一間公司買下另一間公司時，就是收購。你通常會在報紙上看到合併或整合的字樣。不要被文字騙了：這仍然是指一間公司收購了另一間公司，只是使用一個聽起來更中性的用語，使交易看起來更好。

好了，仔細看。由於你收購的是一些實體資產（包含在其資產內），你要像任何買方一樣評估這些資產。也許你發現 MJQ 的建築物、貨架、堆高機和電腦價值 200 萬美元，這並不表示你做了一筆不好的交易。你買的是一個持續經營的企業，包括有名、有能力和相關知識的員工等，這些無形資產在某些情況下，可能比有形資產的價值還要更高。（你會為可口可樂這個品牌，或是戴爾電腦的客戶清單付多少錢？）在我們的例子中，你收購了價值 300 萬美元的無形資產。會計師稱這 300 萬美元為「商譽」。300 萬美元的商譽和 200 萬美元的實體資產，加起來就是你所支付的 500 萬美

元現金，以及資產負債表上對應的 500 萬美元資產增加。

無形資產

公司的無形資產包括任何有價值，但你無法觸摸或花掉的東西：員工的技能、客戶名單、專有知識、專利、品牌名稱、聲譽、策略優勢等等。這些資產中，大多數在資產負債表上是找不到的，除非收購公司支付這些資產並記錄為商譽。智慧財產權則是例外，例如專利和版權。這可以顯示在資產負債表上，並在使用期間內攤銷。

接著我們想講一個關於商譽的小故事；這展示了財務的藝術。

以前商譽是需要進行攤銷的。（請記住，攤銷與折舊的概念相同，只不過攤銷適用於無形資產。）資產通常在 2 到 5 年內折舊，但商譽則是在 30 年內攤銷。這就是規則。

然後規則發生了變化。編寫這些被普遍接受的會計原則的人──財務會計準則委員會（FASB）──決定，如果商譽包括你所買下的公司的聲譽、客戶群等，那麼這些資產全都不會在過了一段時間後貶值。一段時間過後，這些其實可能會變得更有價值。簡而言之，商譽比較像是土地，而不是設備。因此，不攤銷反而有助於會計師準確反映他們一直在追求的現實。

但是看看效果如何。當你買下 MJQ 倉儲時，你的資產負債表上最終是得到價值 300 萬美元的商譽。在規則更改之前，你將以每年 10 萬美元的價格，分 30 年攤銷商譽。換句話說，你每年要從營收中扣除 10 萬美元，因此公司的獲利能力會降低相同的金額。同時，你將 MJQ 的實物資產（價值 200 萬美元）分四年折舊，每年折舊 50 萬美元。同樣的，這 50 萬美元將從營收中減去，以計算獲利。

那麼會發生什麼事呢？在規則更改之前，在其他條件相同的情況下，你希望擁有較多的商譽、較少的實物資產，這只是因為商譽在更長的時間內攤銷，因此從營收中減去的金額更少（保持更高的利潤）。你會有動機去收購那些大部分都是商譽的公司，同時低估所收購公司的實體資產。（記住，對這些資產進行評估的人，通常是你自己的人！）

現在商譽會保留在帳面上，沒有攤銷。於是營收完全不會扣除任何金額，獲利能力也會相對地更高。你有更大的動機去尋找沒有太多實體資產的公司，甚至有更多的動機去低估這些實體資產的價值。泰科（Tyco）這間公司就被指控利用這個規則。幾年前，正如我們之前提到的，泰科以極快的速度收購了多間公司──兩年內收購了六百多間公司。許多分析師認為，泰科經常低估這些眾多公司的資產。這麼做會增加這些收購公司中包含的商譽，並降低泰科每年必須承擔的折舊。結果這會使獲利顯得更高，理論上會推高泰科的股價。

但最終，分析師和投資人注意到了我們在 Part 1 中提到的一個事實，也就是泰科的帳面上有太多的商譽，而實體資

產（相對而言）太少。他們開始關注一種稱為有形資產淨值的衡量標準，其實就只是總資產減掉無形資產再減掉負債。當這個指標變為負值時，投資人通常會感到緊張，而且往往會出售手中的持股。

智慧財產權、專利和其他無形資產

你如何記錄預期將產生多年收入的新軟體程式的建立成本？開發一種受 20 年專利保護的新款神奇藥物（從申請日起算）的成本應該是多少？顯然，在任何指定時期內，將全部的成本記錄在損益表上做為費用，就像記錄買進貨車的全部成本一樣並沒有意義。就像貨車一樣，軟體和專利將有助於在未來會計期間產生收入。因此，這些投資被視為無形資產，應該在其產生的收入流的整個生命周期內攤銷。但是，因為同樣的原因，那些沒能形成可能產生收入的資產的研發費用，應該在損益表上記錄為一項費用。

你可以看到這可能的主觀判斷。舉例來說，大家都知道有些軟體公司會花費大量資金進行研發，然後將這些款項攤銷至一段時間，使他們的獲利看起來更高。其他公司選擇在產生研發費用時就記為支出──這是一種比較保守的方法。如果研發項的預期會產生收入，就可以攤銷，但如果不是，那就不行了。美國國際聯合電腦公司（Computer Associates）因為將研發攤銷在展望不佳的產品上，而使公司惹上麻煩。但是，即使沒有會計作假帳的問題，你也需要知道自己公司的攤銷政策和做法是積極還是保守。與折舊一樣，攤銷決策通常會對獲利能力和業主權益產生相當大的影響。

應計和預付資產

我們來看一個假設的例子，以解釋這一個項目。假設你創辦了一間自行車製造公司，並以 6 萬美元的價格租用一整年的空間生產腳踏車。由於你公司的信用風險很差——沒有人願意只因為這個原因就與新創公司做生意——房東堅持要預先付清租金。

我們從配合原則知道，將 1 月份的 6 萬美元全部在損益表上「記入」支出並沒有意義。這是一整年的租金，必須分攤到所有 12 個月中。所以在 1 月份時，你在損益表上寫了 5,000 美元的租金。但是剩下的 55,000 美元要記在哪裡？你總得把它記錄在某個地方。預付租金是預付資產的一個例子。你買了東西——你擁有那個空間一年的權利——所以它是一種資產。你可以追查資產負債表上的資產。

當然，每個月你都必須從資產負債表上的預付資產項目中轉出 5,000 美元，並將其做為租金支出記入損益表中。這就稱為應計項目，資產負債表上記錄尚未認列為費用的部分，稱為應計資產帳款。儘管術語令人困惑，但請注意，這種做法仍然是保守的：我們會追蹤所有已知的費用，並且還會追蹤我們提前支付的費用。

但財務的藝術也會在這裡悄悄出現，因為在任何特定期間內，對應計和收費都有主觀判斷的空間。舉例來說，假設你的公司正在準備一項大型廣告活動。這項工作在 1 月份全部完成，總計 100 萬美元。會計師可能會判斷這項活動將使公司受益兩年，因此他們將 100 萬美元當成預付資產記入，

並在損益表上每月記錄 100 萬美元成本的 24 分之 1。如果有一個月的營收不佳,公司可能會判斷這是最好的選擇——畢竟,從獲利中扣除 100 萬美元的 24 分之 1,比從中扣除整整 100 萬美元要來得好。

但是,如果 1 月的獲利很好又該如何呢?那麼公司可能會「花掉」整個廣告活動的費用——也就是全部計入 1 月份的營收,因為他們不確定這個活動是否有助於在未來兩年內產生營收。現在,他們的廣告活動費用已經全部付清了,未來幾個月的獲利將會相應更高。在一個完美的世界裡,會計人員會有一顆水晶球,可以告訴他們這個廣告活動可以創造營收多久。但是因為會計人員還沒有水晶球這樣的設備,所以他們必須靠估計。

資產價值評估:按市值計價規則

儘管大多數資產的價值評估,是按買進價格減去累計折舊,但這種方法有一個例外。它被稱為按市值計價規則,該規則的使用通常稱為按市值計價會計(mark-to-market accounting)。這個規則允許(在某些情況下則是必須)將某些類別的資產以其當前市場價值計價。一項資產若要獲得這種資格,就必須滿足兩個標準。**第一**,資產的價值必須能夠在不經評估的情況下確定。第二,資產必須被公司列為短期投資。

公開交易的金融資產,如股票和債券,其價值每天都在公開市場上由投資人決定,可能符合這兩個標準。舉例來

說，想像一下合併服務公司（Amalgamated Service）的資產負債表上有 1 億美元的閒置現金，並選擇以每股 100 美元的價格買進 100 萬股 IBM。合併服務在資產負債表上將其新的流動資產列為「1 億美元的股票」。三個月後，IBM 股票的交易價格為 110 美元。合併服務現在將 100 萬股資產增加到 1.1 億美元，並在其損益表上記錄了 1,000 萬美元的收益（通常在標有「其他收入」的項目中）。

當然，如果三個月後股票跌到 95 美元，那麼合併服務的持股價值必須降至 9,500 萬美元，並且必須在損益表中記錄 500 萬美元的虧損。與傳統會計不同的是，合併服務在仍持有股票時記錄這些獲利或損失。因此，按市值計價的會計損益純粹是在帳面上。

2008 年的金融危機揭示了以這個規則為主的兩個問題，這些問題可能會對資本市場產生嚴重的後果。首先，我們該如何判斷某一組資產是為了出售而暫時持有，還是以長期投資持有？兩間企業可能擁有相同的資產，一間將其指定為買賣資產，因而將其標記為市值，另一間打算持有資產，而按成本進行價值評估。相同的資產可以根據公司的意圖，以不同的方式呈現，這看起來似乎很奇怪。

第二，當市場幾乎崩潰或徹底崩潰時會發生什麼事？在本 Part 後面的知識補給站中，我們將看到，當數百間金融機構被迫以市值計價其貸款資產時，會發生什麼事。正如我們在知識補給站中解釋的，金融危機在許多方面都是一場按市值計價的危機。但是，如果危機緩解，機構選擇持有資產直到市場復甦，那麼它是否仍必須承擔按市值計價的損失？

這是一個仍在爭論的問題。

　　以上就是資產的部分。將所有資產全部加起來，再加上你可能找到的任何外部的項目，你會在左側底部得到「總資產」項目。現在是時候看向另一邊了——負債和業主權益。

第12章

負債與權益包含的項目

我們之前說過,負債是公司所欠的,而股權是公司的淨資產。還有另一種(只是略有不同)查看資產負債表這一邊的方法,也就是顯示資產是如何取得的。如果一間公司以任何形式借入資金以獲得資產,則借款將出現在一項或另一項負債項目上;如果公司出售股票以獲得資產,這將反映在業主權益下的一個項目中。

負債的類型

但是首先,在資產負債表的這一邊代表負債,也就是公司對其他實體的財務義務。負債永遠分為兩大類。流動負債是指必須在不到一年的時間內還清的負債。長期負債則是指在較長時間內到期的負債。負債通常在資產負債表上按短期到長期的順序列出,這樣的排序可以讓你知道,什麼東西在何時到期。

一年內到期的長期負債

如果你的公司長期貸款欠銀行 10 萬美元，其中 1 萬美元可能在今年到期。這就是資產負債表的流動負債部分所顯示的金額。這一項將被標記為「一年內到期的長期負債部分」（current portion of long-term debt）或類似的文字。其他 9 萬美元則顯示在長期負債下。

短期貸款

這些是信用額度和短期循環貸款。這些短期信貸額度通常是由應收帳款和存貨等流動資產擔保。此處顯示了全部未結餘額。

應付帳款

應付帳款顯示公司欠供應商的金額。公司每天從供應商收到商品和服務，不過通常至少 30 天內不支付帳單，供應商這麼做其實就相當於借給公司錢。應付帳款顯示資產負債表日期所欠的金額，公司信用卡上的任何餘額通常都包含在應付帳款中。

應計費用和其他短期負債

這個綜合類別包含了公司所欠的所有其他款項，其中一個例子是薪資。我們假設你的薪水發放日是 10 月 1 日，那麼會計上應該將這筆薪資費用記入 10 月的損益表嗎？可能不太合理，因為這筆薪資其實是支付給你 9 月的工作。因

此,會計師會計算或估計公司應在 10 月 1 日支付給你的薪資金額,並將這筆費用記入 9 月的帳目中。這就稱為「應計負債」,它的概念類似於內部在 9 月記錄一張帳單,而實際付款則在 10 月進行。應計負債是配合原則的一部分——我們將費用與其所產生的收入相匹配,每個月進行記錄。

遞延收入

一些公司的資產負債表上有一個稱為遞延收入(deferred revenue)的項目。這令財務新手很困惑:收入怎麼會成為一種負債?負債是公司對他人負有的財務義務。遞延收入就是尚未交付的產品或服務所收到的款項。所以這是一項義務。一旦產品或服務交付,對應的收入將包含在損益表的第一行(營收)中,並將從資產負債表上扣除。

你可能會在資產負債表上看到遞延收入的產業,包括航空公司(你在搭機前就先付款了)和以專案為主的企業(客戶通常在工作開始前就支付第一筆款項)。這種處理尚未賺取的收入的方法符合保守原則:在實際賺取收益之前不認列收入。

長期負債

大多數長期負債是貸款,但你可能還會看到此處列出的其他負債。例子包括遞延獎金或薪酬、遞延稅款和退休金負債。如果這些其他負債的金額很大,就必須密切留意資產負債表的這一部分。

資本

　　這個詞在商業中代表很多東西。工廠、設備、車輛等，這些是實體資本。從投資人的角度來看，財務資本是他持有的股票和債券；從公司的角度來看，就是股東的股權投資加上公司借入的任何資金。年報中的「資金來源」顯示公司的資金來源。「資本的用途」顯示公司如何使用其資金。

業主權益

　　終於來到這一項了！還記得那個方程式嗎？業主權益是我們從資產中減去負債後剩下的資產。權益包括投資人提供的資本和公司隨著一段時間過去所保留的獲利。業主權益有很多名稱，包括股東權益（shareholders' equity、stockholders' equity）。一些公司資產負債表中列出的業主權益項目可能非常詳細且令人困惑。不過這個項目通常包括以下類別。

優先股

　　優先股（Preferred shares，英文也稱為 preference stock or shares）是一種特定類型的股票。持有優先股的人通常比普通股持有人先領取投資的股利。但優先股通常帶有固定股利，所以優先股的股價不會像普通股的股價那樣波動。持有優先股的投資人可能無法獲得公司價值成長的全部好處。當

公司發行優先股時,會以一定的初始價格將其出售給投資人。資產負債表上顯示的值就是反映了這個價格。

大多數優先股沒有投票權。在某種程度上,優先股比較像是債券,而不是普通股。兩者的差別是什麼?擁有債券的人獲得固定的票息或利息支付,而優先股的持有人獲得固定的股利。公司使用優先股來募集資金,因為優先股受與債務相同的法律影響。如果公司無法支付債券的票息,債券持有人可以強制其破產。優先股的持有人則通常不能這麼做。

普通股

與大多數優先股不同的是,普通股(common Shares,或是 common stock)通常有投票權。持有普通股的人可以投票選舉董事會成員(通常一股有一票)以及可能提交給股東的任何其他事項。普通股可能不一定會支付股利。資產負債表上顯示的價值是根據股票的發行價格;它顯示為「面值」和「實收資本」。

股利

股利是從公司股權中分配給股東的資金。在上市公司中,股利通常在季底或年底時分配。

保留盈餘

保留盈餘或累計盈餘是已再投資於企業的獲利,而不是

以股利支付給股東。這個數字表示在企業生命周期內再投資，或保留的稅後總收入。有時，一間以現金形式持有大量保留盈餘的公司（微軟就是一個例子）會面臨壓力，需要以股利的形式向股東支付部分資金。畢竟，哪個股東會想要看到他的錢只是放在公司的金庫中，而不是再投資於具有生產力的資產上？當然，你可能會看到累積赤字（負數），這表示公司長期以來持續虧損。

所以，如果公司被出售，股東將獲得業主權益，對吧？當然不是！要記住那些影響資產負債表的所有規則、估計和假設。資產按其採購價格減去累計折舊後入帳。公司每一次收購都會累積商譽，而且永遠不會攤銷。當然，公司也擁有自己的無形資產，例如其品牌名稱和客戶名單，這些資產完全不會出現在資產負債表上。

這給我們的教訓就是：**一間公司的市值，與其資產負債表上的股權或帳面價值幾乎從來不會一樣。一間公司的實際市場價值，是想要收購的買方願意為它支付的價格**。對上市公司來說，這個價值是透過計算公司市值或任何指定日期的在外流通股數乘以股價來估計。而對非上市公司來說，市場價值可以透過 Part 1 中描述的一種估值方法來進行估算。

第13章

為什麼資產負債表會借貸平衡

如果你在學校學過基本的會計方程式，老師可能會說這樣的話：「它被稱為資產負債表（balance sheet，字面意思為「平衡單」），因為它是借貸平衡（balance）的。資產永遠等於負債加上業主權益。」但是，即使你盡責地在考試時寫下這個答案，你也可能無法百分之百清楚地了解，資產負債表平衡的原因。所以這裡有三種理解它的方法。

借貸平衡的原因

首先，我們先從個人來說。你可以像查看一個人的淨值的方式一樣，查看一間公司的資產負債表。淨值必須等於他擁有的減去他所欠的，因為這是我們對淨值的定義。第10章中「個人」方程式的第一個算式是「擁有－欠款＝淨值」。企業也是如此。業主權益的定義是，資產減去負債。

其次，**看看資產負債表顯示的內容**。一邊是資產，這就是公司擁有的。另一邊是負債和權益，這些顯示了公司如何取得擁有的東西。既然你不能不勞而獲，那麼「擁有」的一

邊和「如何得到」（負債與權益）的一邊就永遠會是相等的，也一定是相等的。

第三，想一想資產負債表在過了一段時間後會發生什麼變化。這種方法應該可以幫助你了解為什麼它始終保持借貸平衡。

想像一間剛成立的公司。公司的老闆在這項業務中投資了 5 萬美元，因此他在資產負債表的資產方面有 5 萬美元的現金。他還沒有負債，所以他有 5 萬美元的業主權益。資產負債表的借貸平衡。

這間公司以 36,000 美元現金購買了一輛貨車。如果沒有其他變化，並且在貨車交易後立即建構了資產負債表，則資產負債表資產的一邊將顯示如下：

圖表 13-1　某公司資產負債表範例：資產欄

資產	
現金	$14,000
不動產、廠房和設備	36,000

它加起來仍然有 50,000 美元——在資產負債表的另一邊，他仍然擁有價值 5 萬美元的業主權益。資產負債表仍然保持借貸平衡。

接下來，想像一下這個老闆認為他需要更多現金。因此，他去銀行借了 10,000 美元，將他的現金總額增加到 24,000 美元。現在資產負債表顯示如下：

圖表 13-2　某公司資產負債表範例：借錢後的資產欄

資產	
現金	$24,000
不動產、廠房和設備	36,000

現在它加起來達到 60,000 美元。他增加了自己的資產。但是當然，他也增加了自己的負債。所以資產負債表的另一邊看起來像這樣：

圖表 13-3　某公司資產負債表範例：借錢後的負債和業主權益欄

負債和業主權益	
銀行貸款	$10,000
業主權益	50,000

加起來也是 60,000 美元。

請注意，在這些交易中，業主權益全都保持不變。唯有當公司從業主那裡獲得資金、向其業主支付資金，或是記錄損益時，業主權益才會受到影響。

與此同時，影響資產負債表一邊的每一筆交易，也會影響另一邊。舉例來說：

- 一間公司使用 10 萬美元現金來償還貸款。資產一邊的現金項目減少了 10 萬美元，另一邊的負債項目也

減少了相同的金額。因此,資產負債表維持借貸平衡。

- 一間公司採購了一部價值 10 萬美元的機器,先支付 5 萬美元的第一筆款項,然後欠剩餘的錢。現在的現金額度比以前少了 5 萬美元,但新機器在資產方面卻顯示為 10 萬美元。因此,總資產增加了 5 萬美元。這時,買機器所欠的 5 萬美元顯示在負債的一邊。同樣的,現在仍是處於借貸平衡的狀態。

只要記住,**交易影響資產負債表兩邊**這個基本事實,你就不會有問題。這就是資產負債表借貸平衡的原因。理解這一點是財務智商的基本。請記住,如果資產不等於負債和權益,資產負債表就不是借貸平衡。

第14章

損益表與資產負債表的連帶關係

到目前為止，我們一直把資產負債表獨立出來看。但這裡有一個財務報表界保守得最嚴密的祕密：一個報表的變化幾乎總是會影響其他報表。因此，當你管理損益表時，也會對資產負債表產生影響。

獲利和權益

我們要看幾個例子，以了解損益表的獲利與資產負債表上顯示的權益之間的關係。以下是一間全新（而且非常小！）的公司，所擁有的高度簡化的資產負債表：

圖表 14-1　某間小公司的資產負債表範例

資產	
現金	$25
應收帳款	0
總資產	$25

負債和業主權益	
應付帳款	$0
業主權益	$25

假設我們經營這間公司一個月。我們買進價值 50 美元的零件和材料，用於生產和銷售價值 100 美元的成品。我們還產生了 25 美元的其他費用。當月的損益表如下所示：

圖表 14-2　某間小公司的損益表範例

銷售額	$100
銷貨成本	50
毛利	50
所有支出	25
淨利	$25

資產負債表上發生了什麼變化？

- 首先，我們已經花光了所有的現金來支付費用。
- 第二，我們從客戶那裡收到了 100 美元的應收帳款。
- 第三，我們有義務對供應商支付 50 美元。

因此，月底的資產負債表如下所示：

圖表 14-3　某間小公司的資產負債表範例（月底）

資產	
現金	$0
應收帳款	100
總資產	$100

負債和業主權益	
應付帳款	$50
業主權益	$50
負債和業主權益	$100

如你所看到的，這 25 美元的淨利變成了 25 美元的業主權益。在更詳細的資產負債表中，它會以「保留盈餘」項目顯示在業主權益下。任何企業都是如此：除非以股利支付，否則淨利會提升股東權益。同樣的，淨損也會降低股東權益。如果一間公司每個月都虧損，負債最終會超過資產，進而產生負資產。然後就會進入破產法院。

請注意這個簡單範例的另一點：公司到了那個月底時沒有現金！公司賺錢了，股本也在增加，但在銀行裡一毛錢也沒有。因此，一位好的經理人需要了解現金和獲利在資產負債表上的相互影響。我們在 Part 4 討論現金流量表時，會再回來討論這個話題。

獲利與權益造成的其他效果

獲利和權益之間的關係,並不是損益表變化與資產負債表變化之間的唯一關聯。絕對不是這樣。損益表上記錄的每筆銷售都會產生現金(如果是現金銷售)或應收帳款的增加。在銷貨成本或營運支出下記錄的每 1 美元薪資,都代表在資產負債表的現金項目少 1 美元或多 1 美元。買進材料會增加應付帳款,依此類推。當然,這些變化全都會對總資產或負債產生影響。

整體而言,如果經理人致力於提高獲利能力,便能對資產負債表產生正面影響,因為獲利增加會提高股東權益。但並不是那麼簡單,因為公司如何賺取這些獲利很重要,資產負債表本身的其他資產和負債會發生什麼也很重要。舉例來說:

- 工廠經理聽說一種重要的原料很划算,並要求採購部門買進大量的原料。有道理吧?不一定。資產負債表上的庫存項目會增加。應付帳款項目會增加對應的金額。最後公司將必須提領現金來支付應付帳款——而原料可能過了很久都還沒有用於創造收入。同時,公司必須支付庫存的倉儲費用,並且可能需要借款來彌補現金的減少。確認交易是否有益需要詳細分析;在做這樣的決定之前,請務必考慮所有財務問題。

- 一位業務經理想要提高營收和獲利,並決定以小型企

業為目標客戶。這是個好主意嗎？也許不是。較小的客戶信用風險可能高於較大的客戶。應收帳款可能會不成比例地增加，因為客戶的付款速度較慢。會計師可能需要增加「壞帳」準備金，這會降低利潤、資產，並且因而使權益減少。財務智商高的業務經理需要研究定價的可能性：他能否提高毛利率，以補償銷售給小客戶所增加的風險？

• 資訊部門經理決定採購新的電腦系統，認為新系統將提高生產力，並有助於獲利提升。但是要如何支付新設備的採購呢？如果一間公司槓桿過度（也就是說，與股本相比，它的債務負擔很重）借錢來支付系統費用可能不是一個好主意。也許公司需要發行新股，進而增加其股權投資。決定如何獲得經營企業所需的資金，是財務長和財務主管的工作，而不是資訊部門經理的工作。但是，了解公司的現金和債務狀況應該能提供資訊，幫助經理決定何時採購新設備。

簡而言之，任何經理都可能偶爾要退後一步，看看大局。不只要考慮損益表上你關注的特定項目，還要考慮**資產負債表**（以及現金流量表，我們稍後就會談到）。當你這麼做，你的思考、工作和決定就會更「深入」——也就是說，會考慮更多的因素，你將能夠更細緻地區分與理解，以談論這些因素的影響。此外，想像一下與你的財務長談論獲利對股權的影響：他可能會很佩服（甚至是驚訝）。

評估公司是否健全

請記住，我們在本節開頭時提到，精明的投資人通常會先仔細研究公司的資產負債表。原因是資產負債表回答了很多問題——例如以下幾個問題：

- 公司是否有償債能力？也就是說，資產是否超過了負債，使業主權益是正數？
- 公司支付得起帳單嗎？這裡重要的數字是流動資產，特別是現金，與流動負債的比較。Part 5 討論比率時，對此會有更多的介紹。
- 業主權益是否在一段時間過後增加？比較一段時間內的資產負債表，將顯示公司是否一直朝著正確的方向前進。

當然，這些都是簡單、基本的問題。但是投資人可以詳細檢查資產負債表及其註腳，以及比較資產負債表與其他報表，而學到更多東西。商譽對公司的「總資產」項目有多重要？哪些假設被用來判定折舊，這有多重要？（請回想一下廢棄物管理公司。）現金項目是在經過一段時間後增加（通常是個好兆頭），還是在減少？如果業主權益增加，是因為公司需要資金挹注，還是因為公司一直在賺錢？

簡而言之，資產負債表有助於顯示公司的財務狀況是否健全。所有報表都可以幫助你做出判斷，但資產負債表（公司的累積平均成績）可能是最重要的。

Part 3　知識補給站

辨別成本與營運支出

當一間公司採購一件資本設備時,這筆花費不會顯示在損益表上;新資產會出現在資產負債表上,只有折舊是以成本的形式出現在損益表上。你可能會認為費用(顯示在損益表上)和資本支出(顯示在資產負債表上)之間的區別應該清楚又簡單。但當然不是這樣。事實上,它是財務藝術的主要畫布。

想一想,從損益表上刪除一個大專案並將其放在資產負債表上——這樣只有折舊顯示為成本——可以產生顯著增加獲利的效果。第 1 章中提到的世界通訊,就是一個典型的案例。世界通訊大部分的費用包括所謂的線路成本。這些是支付給當地電話公司使用其電話線的費用。線路成本通常被視為一般營運費用,但你可以爭辯說(不過並不正確)其中一些其實是對新市場的投資,並且在幾年內都不會開始賺錢。

總之,這就是財務長史考特・蘇利文(Scott Sullivan)採取的邏輯,他開始將公司的生產線成本「資本化」。結果:中大獎了!這些費用從損益表中消失了,獲利增加了數十億美元。對華爾街來說,世界通訊似乎突然創造出比以前多出更多的獲利——直到後來整個紙牌屋倒塌了,才被人注意到。世界通訊採取了過於激進的成本資本化方法,最終陷入困境。但一些公司會將偶爾有問題的項目視為資本支出,

只是為了稍微提高他們的收益。你的公司會這麼做嗎？

「按市價計價」規則與金融危機

正如我們在第 11 章中解釋過的，按市值計價會計按當前價格而不是歷史成本，來對某些金融資產進行估價。2008年開始的金融危機，在許多方面都是一場按市值計價的會計危機。我們來看看原因。

首先，想一想一個簡化的會計：銀行資產和負債。資產包括向他人提供的貸款，以及現金。負債包括客戶存款，例如支票帳戶和存款帳戶的餘額。基本上，銀行透過收取存戶的存款，然後以高於支付給存戶的利率借出這筆錢來賺錢。

然而，在 1980 年代，許多存款和貸款機構（專門從事住房抵押貸款的小銀行）發現自己陷入困境。他們的資產主要包括長期抵押貸款，支付的利率相對較低。與此同時，存款戶要求他們的存款要收到高利率，因為當時的通貨膨脹率如此之高（編按：1973～1982 年間的物價大膨脹現象〔The Great Inflation〕，美國通膨率平均高達 8.8%，台灣更高達 12.4%）。為了防止存款戶把資金轉走，存貸機構要支付的利息，比他們從資產上賺取到的還要更多。在幾個月內，數百間這樣的機構就付不出錢來。

因為這個問題，政府後來開始要求金融機構在其貸款期限和存款之間保持平衡。這表示銀行無法提供長期抵押貸款，因為存款戶不想將他們的錢綁住那麼久。為了解決這個問題，政府成立了兩間名稱分別為房利美（Fannie Mae）和

房地美（Freddie Mac）的企業，向銀行買進抵押貸款，然後將這些貸款包裝成證券並將證券出售給投資人。這些新的金融工具被稱為房貸抵押證券，非常受到歡迎。這種證券支付很不錯的利率，而且看起來很安全。房地美和房利美可以買的貸款必須滿足某些要求，被稱為優質貸款。

幾年後，其他金融機構開始買進不符合優質貸款要求的房貸。他們將這些風險較高的「次級」房貸包裝成證券，然後再將證券出售給投資人。很快，就連房地美和房利美也被允許買進次級房貸了，因為政府認為這樣做能幫助更多人買得起房子。這一切都創造了一個幾乎任何人都可以申請得到房貸的環境，提振了對住房的需求，進而推升房價，似乎為投資人提供更多的安全保障。隨著房價上漲，就算有任何違約，總是有更高的房價在支撐著市場。

由於銀行發放這些抵押貸款，並在一週內將房貸證券出售給現成的市場，這些房貸在其資產負債表上被視為按市值計價的資產。許多銀行持有價值數十億美元的房貸，他們計劃轉售這些房貸以賺取利潤。但是後來房地產市場開始崩盤。價格下跌，接著有更多的屋主違約。大多數投資人不再買進房貸抵押證券，建立這種證券的中間商也不再向銀行買進房貸。由於沒有現成的買方，使銀行持有的房貸價值暴跌。

我們再回過頭去談按市值計價規則，該規則規定銀行必須將這些抵押貸款按當前市場價值計價。如果一間銀行持有價值 100 億美元的抵押貸款，而市場下跌了 10%，那麼它就必須記錄 10 億美元的虧損。這可能會虧光公司的所有股

本,銀行將不得不關閉。

在 2008 年第四季,美國數百間銀行發生了非常類似的事情。新聞報導指出銀行無法出售的「不良」資產("toxic" assets,或譯為「有毒」資產)。政府以 8,000 億美元的問題資產紓困計畫(TARP)回應,以解救許多陷入困難的銀行。然而,在許多情況下,銀行實際上並沒有還不出債務:借款人仍在持續還款,銀行可以靠利差來滿足存款戶的需求。但是按市值計價的規定卻導致這些銀行倒下。

自危機以來,財務會計準則委員會修改了金融機構的按市值計價規則,以限制銀行在這種情況下可能需要承擔的損失。但委員會的行動太少也太晚,不足以紓解這場危機。

Part 4

財務三表之三：
現金流量表

第15章

巴菲特最重視的現金

許多經理人忙於擔心息前稅前折舊攤銷前利潤（EBITDA）等損益表指標，而沒有太多時間留意現金。董事會和外部分析師有時則是過於留意資產負債表。但有一位投資人密切關注現金：巴菲特。

巴菲特可能是有史以來最偉大的投資人。他的公司波克夏·海瑟威（Berkshire Hathaway）投資數十間公司，並且獲得驚人的成果。從 2006 年到 2010 年，波克夏公司的帳面價值（衡量其價值的保守指標）以 10.0% 的平均年增率成長，而標準普爾 500 指數（衡量公開交易股票的廣泛標準）的帳面價值為 2.3%。這延續了自 1965 年以來的出色投資績效。

巴菲特是怎麼做到的？許多人寫書試圖解釋他的投資理念和分析方法。但在我們看來，這一切都歸結於三個簡單的戒律。**首先**，他根據一間公司的長期展望而不是短期前景來評估是否投資。其次，他總是尋找他了解的企業。（這使他可以避免許多與網路相關的投資。）第三，當他檢查財報時，他最強調一種衡量現金流的指標，他稱之為業主盈餘（owner earnings）。

巴菲特將財務智商提升到了一個全新的高度，而且他的淨值反映了這一點。他認為現金為王，真是有意思。

業主盈餘

業主盈餘是衡量公司在一段時間內產生現金能力的指標。我們喜歡說這是業主可以從他的企業中取出，並花在自己身上的錢。業主盈餘是一項重要的衡量標準，因為它允許持續的資本支出，這是維持健全業務所必需的。而獲利甚至經營現金流指標都不是。本Part最後的知識補給站中，將提供更多有關於業主盈餘的資訊。

為什麼現金為王？

我們來更仔細地看一下財務報表的第三個要素──現金。為什麼將現金流當作衡量業務績效的關鍵指標？為什麼不像損益表上那樣僅顯示獲利呢？為什麼不只關注資產負債表所揭示的公司資產或業主權益呢？其中一個原因正如我們將在第 16 章中所解釋的，獲利與現金不同。獲利是以承諾為主的，而不是以金錢的流入為主。因此，如果你想知道公司是否有現金可以支付員工的薪資、帳單，甚至是投資設備，就需要研究現金流。

然後，無論損益表和資產負債表多麼有用，都有各種潛

在的偏差，這是它們預設的假設和估計的結果。現金則不同。**查看一間公司的現金流量表，就是間接窺視公司的銀行帳戶**。在過去 15 年的所有金融動盪之後，現金流現在是華爾街的寵兒。現金流已成為分析師評估公司的重要指標。但是巴菲特一直以來都在關注現金，因為他知道現金是受財務藝術影響最小的數字。

為什麼有些經理人不注意現金？原因有很多。以前沒有人要求他們這樣做（不過情況正在開始改變）；財務組織中的人往往認為現金是他們要關心的問題，其他人則不用，但是通常只是因為財務智商不夠。經理人不了解決定獲利的會計規則，因此他們認為獲利與淨現金流入幾乎相同。有些人認為他們的行為不會影響公司的現金狀況；其他人可能不這麼想，但卻不懂自己的行為會怎樣影響到公司現金的狀況。

還有另一個原因，那就是現金流量表上的用語有點艱澀難懂。大多數現金流量表對於非財務人員來說很難閱讀，更不用說理解了。但是對這部分投注心力是有價值的：如果你花時間了解現金，你就可以消除公司財務藝術家製造的大量障眼法。

你可以看到公司在將獲利轉化為現金方面做得有多好。你可以提早發現麻煩的警訊，而且你會知道如何管理以保持現金流的健全。現金就是讓你看到真相的方法。

本書的其中一位作者老喬，以前在一間小公司擔任財務分析師時，了解到現金的重要性。當時公司的經營非常辛苦，每個人都知道這一點。有一天，財務長和會計長都

外出打高爾夫球，聯絡不上。（那是在每個人都有手機以前的時代，這樣你就知道老喬的年紀了。）銀行打電話給公司並與執行長談話。顯然，執行長聽到銀行的話並不高興，並且認為他最好與會計或財務人員談一談，所以他把電話轉給了老喬。老喬從銀行那裡得知，公司的信貸額度已經爆了。

銀行的人說：「因為明天是發薪日，我們很好奇你打算如何支付薪資。」喬（一如以往）快速思考，然後回答：「嗯⋯⋯我可以稍後回電話給你嗎？」然後，他做了一些研究，發現一個大客戶還欠公司一大筆錢，而支票正在郵寄途中（是真的）。他把這件事告訴了銀行，於是銀行同意支付員工薪資，前提是老喬要在收到支票時馬上拿去銀行。

其實支票是在同一天寄到，但是收到時銀行已經打烊了。所以第二天一大早，老喬就開車去銀行，手裡拿著支票。他在銀行開門前幾分鐘到達，發現外面已經排起了長長的隊伍。事實上，他看到公司的幾名員工已經在那裡，拿著他們的薪水支票。其中一個人和他說：「所以你也想通了吧？」喬問道：「想通什麼？」對方用近乎憐憫的眼神看著他，然後說：「想通這件事。我們每個星期五一有休息時間就會把支票拿來銀行。我們兌現支票，然後將現金存入自己的銀行。這樣，我們就可以確保支票不會跳票——如果銀行不兌現，我們當天就會開始找工作。」

那一天，老喬的財務智商大大提升。他發現了巴菲特早就已經知道的事情：**現金是公司賴以生存的因素，而現金流是衡量其財務狀況的關鍵指標**。你需要人才來經營公司——

第 15 章 巴菲特最重視的現金　165

任何公司都是。你需要一個營業場所、電話、電力、電腦、用品等。你不能用獲利來支付所有這些東西,因為獲利不是真的錢。現金才是。

第 16 章

獲利不等於現金

為什麼獲利與現金流入是不一樣的？有一些原因很明顯：現金可能來自貸款或投資人，而這些現金根本不會出現在損益表上。但即使是營運現金流（我們將在第 17 章中詳細解釋），也與淨利完全不同。有三個基本的原因：

- **營收在銷售時記帳**。原因之一是我們在討論損益表時解釋的基本事實。只要公司一交付產品或服務時，就一定會記錄銷售。王牌列印公司向客戶交付價值 1,000 美元的小手冊；王牌列印公司記錄的營收為 1,000 美元，理論上公司可以透過從這筆營收中減去其成本和費用來記錄獲利。但是沒有現金入帳，因為王牌的客戶的付款時間通常是 30 天或更久。由於獲利始於營收，因此它始終反映了客戶支付的承諾。相較之下，現金流量則始終反映現金交易。

- **費用與收入配合**。損益表的目的是匯總在特定時間內，與產生收入相關的所有成本和費用。然而，正如

我們在 Part 2 所看到的，這些費用可能不是在那段時間內實際支付的費用。有些可能已經提前支付了（就像新創公司必須提前支付一年的租金一樣）。費用大部分會在供應商帳單到期時支付。因此，損益表上的支出並不反映現金流出。然而，現金流量表衡量的，則一定是某一時間範圍內的現金進出情況。

- **資本支出不計入獲利中。** 還記得 Part 3 最後的知識補給站嗎？資本支出發生時不會出現在損益表上；只有當項目折舊時，其成本才會計入營收中。因此，公司可以採購貨車、機械、電腦系統等，而且費用只會在每個專案的使用壽命內，以折舊形式分批出現在損益表上。當然，現金又是另一回事：這些物品通常在完全折舊的很久之前就已經支付了，用於支付它們的現金將反映在現金流量表中。

你可能會想，長遠來看，現金流幾乎會與淨利一致。應收帳款將被收取，因此銷售額將變成現金；應付帳款將被支付，因此費用或多或少會從一段時間到下一段時間內保持平衡；資本支出將折舊，因此一段時間過後，折舊的成本或多或少將會等於用於新資產的現金。在某種程度上，至少對於一家成熟、管理良好的公司來說，所有這些都是正確的。但與此同時，獲利和現金之間的差額會造成各種小問題。

無現金的獲利

為了說明這一點,接著我們要來比較兩間簡單的公司,它們的獲利和現金部位完全不同。

美夢烘焙坊是一間新開的餅乾和蛋糕製造商,為專業雜貨店供貨。創辦人根據她獨特的家常食譜來準備訂單,她準備在 1 月 1 日開始營業。我們假設她在銀行裡有 1 萬美元現金,並假設前三個月的銷售額為 2 萬、3 萬和 4.5 萬美元。銷貨成本是銷售額的 60%,每月的營運支出為 1 萬美元。

只要看一下這些數字,你就會發現她很快就會開始賺錢。事實上,前三個月的簡化損益表是這樣的:

圖表 16-1　美夢烘焙坊的前三個月簡化損益表

	1月	2月	3月
營收	$20,000	$45,000	$45,000
銷貨成本	12,000	18,000	27,000
毛利	8,000	12,000	18,000
支出	10,000	10,000	10,000
淨利	$(2,000)	$2,000	$8,000

但是簡化的現金流量表告訴我們的卻不一樣。美夢烘焙坊與其供應商達成協定,在 30 天內支付購買的原料和其他用品的費用。但是公司銷售的那些專業雜貨店呢?他們有點不穩定,需要 60 天才能付帳。以下是美夢烘焙坊的現金狀況:

- 1月時,美夢烘焙坊沒有收到客戶的帳款。到了月底時,它所擁有的只是 2 萬美元的銷售應收帳款。幸運的是,美夢烘焙坊不必為使用的食材支付任何費用,因為它的供應商希望在 30 天內收到付款。(我們假設銷貨成本數字全是食材,因為店主自己負責所有的烘焙。但公司確實必須支付費用——租金、水電費等等。因此,最初的 1 萬美元現金全部用於支付費用,結果美夢烘焙坊的銀行帳戶裡就沒有現金了。

- 2月時,美夢烘焙坊還是連 1 毛錢也沒有收到。(請記住,客戶要在 60 天內付款)。截至 2 月底,它有 5 萬美元的應收帳款(1月的 2 萬美元加上 2 月的 3 萬美元),但仍然沒有現金。與此同時,美夢烘焙坊現在必須支付 1 月的食材和補給品費(1 萬 2,000 美元),還有一個月的開銷(1 萬美元)。所以它現在虧損 2 萬 2,000 美元。

烘焙坊的老闆能否扭轉局面?到了 3 月時,不斷增加的獲利一定能改善現金狀況吧!但是並沒有。

- 美夢烘焙坊在 3 月時終於收到 1 月的銷售額,因此它有 2 萬美元的現金,與 2 月底的現金部位相比,只虧損 2,000 美元。但現在它必須支付 2 月的 18,000 美元銷貨成本,外加 3 月的 1 萬美元開銷。因此 3 月底時,它又虧損了 3 萬美元,比 2 月底的情況更糟糕。

這是怎麼回事？答案是，美夢烘焙坊正在成長。它的銷售額每個月都在增加，這表示它每個月都必須為其食材支付更多費用。結果它的營運支出也會增加，因為老闆必須雇用更多的人。另一個問題是美夢烘焙坊雖要在 30 天內付款給供應商，但是卻得等待 60 天才能收到客戶的錢。實際上，它必須預付 30 天的現金——只要銷售額增加，除非找到額外的現金來源，否則它就永遠無法損益平衡。美夢烘焙坊雖然是虛構的而且過於簡單，但卻反映出有賺錢的公司會倒閉的原因。這是許多小公司在第一年就倒閉的原因之一。他們就只是沒有現金了。

有現金，但沒有獲利

但現在讓我們看看另一種獲利／現金的差距。

優質服飾是另一間新創公司。公司出售昂貴的男裝，位於商人和富裕的遊客經常前往的市區。公司前三個月的銷售額分別為 5 萬美元、7.5 萬美元和 9.5 萬美元——同樣是一個健全的成長趨勢。它的銷貨成本是銷售額的 70%，每月的營運費用為 3 萬美元（租金很高！）為了進行比較，我們假設公司開幕時也有 1 萬美元存在銀行裡。

因此，優質服飾這幾個月的損益表如下所示：

圖表 16-2　優質服飾的前三個月簡化損益表

	1月	2月	3月
營收	$50,000	$45,000	$45,000
銷貨成本	35,000	52,500	66,500
毛利	15,000	22,500	28,500
支出	30,000	30,000	30,000
淨利	$(15,000)	$(7,500)	$(1,500)

儘管公司每個月虧損的錢都在減少，但是獲利能力還沒有出現轉機。與此同時，公司的現金狀況如何？當然，因為是零售商，公司會立即收取每筆銷售的款項。我們假設優質服飾能夠和供應商協議很好的條款，並在 60 天內付款給他們。

- 1月時，公司從 1 萬美元開始，然後增加 5 萬美元的現金銷售額。公司還不必支付任何銷貨成本，因此唯一要付出的現金是 3 萬美元的費用。月底時銀行裡的餘額：3 萬美元。

- 2月時，公司增加了 75,000 美元的現金銷售，但仍然沒有為銷貨成本支付任何費用。因此，扣除 3 萬美元的費用後，當月的淨現金為 45,000 美元。現在銀行裡的餘額是 75,000 美元！

- 3 月時，公司增加了 95,000 美元的現金銷售，支付 1 月的用品（35,000 美元）和 3 月的支出（3 萬美元）。當月的淨現金收入為 3 萬美元，銀行裡的餘額現在是 105,000 美元。

因此，以現金為基礎的企業（例如零售商、餐館等）也會有同樣的情況。在這種情況下，優質服飾的銀行餘額每個月都在攀升，但是公司並沒有賺錢。這在一段時間內很好，只要公司控制開支以便能夠扭轉情況開始獲利，就可以繼續經營下去。但是業主必須小心：如果他傻傻地以為他的生意做得很好所以可以增加這些費用，他就有可能繼續走上無利可圖的道路。如果他無法創造獲利，最後就會把現金耗盡。

優質服飾在現實世界中也有其相似之處。每個以現金為基礎的企業，從小的實體商店到亞馬遜網站（Amazon.com）和戴爾電腦等巨頭，都可以在支付成本和費用之前先收取客戶的錢。它喜歡「浮動」——如果它正在成長，這個浮動將變得愈來愈大。但從結論來說，按照損益表的標準，公司必須獲利；從長遠來看，有現金流並不表示一定會賺錢。以服裝業為例，帳面上的虧損最終將導致負現金流；正如獲利最終會帶來現金一樣，虧損最終會耗盡現金。我們要理解的關鍵在於這些**現金流的時間差如何影響企業運作**。

了解獲利和現金之間的不同之處，是提高財務智商的關鍵。這是一個基本概念，許多經理人都沒有機會學習。它打開了一個全新的機會之窗，讓人們可以提出問題並做出明智的決定。舉例來說：

- **尋找合適的專業知識**。我們在本章中描述的兩種情況需要不同的技能。如果一間公司有獲利但是現金短缺，那麼它就需要財務專業知識——能夠安排額外融資的人。如果一間公司有現金但沒有獲利，就需要經營的專業知識，也就是能夠降低成本，或是在不增加成本的情況下產生額外收入的人。因此，財務報表不只可以告訴你公司正在發生的事情，還可以告訴你需要雇用具備什麼樣專業知識的人。

- **對時機做出正確的決定**。關於何時採取行動的明智決策可以提高公司的效率。以老喬的公司為例，當老喬不外出培訓人們的商業知識時，他擔任設定點公司的財務長，這是一間製造工廠自動化系統和其他產品的公司。公司的經理人都知道，今年第一季有很多自動化系統訂單，對企業來說是最賺錢的。但現金總是很緊，因為設定點公司必須支付現金來採購元件和支付承包商。公司下一季的現金流通常會有所改善，因為上一季的應收帳款收到了，但是獲利放緩了。公司的經理人都已經了解到，雖然過去第二季的獲利總是比較低，但最好在第二季而不是第一季為企業採購資本設備，因為第二季時手上會有更多的現金可用於支付。

這裡最終的教訓是，公司既需要獲利也需要現金。這兩者是不同的，而一間健全的公司兩者都需要。

第17章

現金流量表的基礎原理

你會以為現金流量表會很容易閱讀。由於現金是真正的錢，因此數字中沒有包含任何假設和估計。流入的現金是正數，流出的現金是負數，淨現金就只是兩個數字相加。但事實上，我們發現大多數非財務領域的經理人都需要一段時間才能理解現金流量表（我們在與許多財務部門的合作中發現，甚至一些財務人員也需要時間才能理解）。其中一個原因是，現金流量表的類別名稱可能會令人困惑。第二個原因是正和負並非總是很清楚。（典型的項目可能會寫：「（增加）/減少應收帳款」，後面是一個正數或負數。但究竟是增加還是減少？）最後一個原因是很難看出現金流量表和其他兩個財務報表之間的關係。

我們將在第18章討論最後一個問題。現在，我們先坐下來，拿著現金流量表來學習基本詞彙。

現金流類型

現金流量表顯示流入企業的現金，稱為流入，以及流出

企業的現金,稱為流出。這些分為三大類。

來自或用於經營活動的現金

有時候你會看到這個用語的細微變化,例如「由經營活動提供或用於經營活動的現金」。無論確切的文字是什麼,這個類別都包括與企業實際營運相關的所有現金流入和流出。它包括客戶在支付帳單時匯入的現金。它包括公司支付給員工、供應商和房東的現金,以及為維持公司運作和業務而必須花費的所有其他現金。

來自投資活動或用於投資活動的現金

這是可能令人困惑的標籤之一。在這種情況下,投資活動是指公司而非其業主進行的投資。這裡的一個關鍵子類別是用於資本投資的現金,也就是採購資產。如果公司採購貨車或機器,則支付的現金會顯示在現金流量表的這一部分。相反地,如果公司出售貨車或機器(或任何其他資產),則收到的現金會列於此處。這部分還包括對收購或金融證券的投資——簡而言之,任何涉及買進或出售公司資產的事情。

來自或用於融資活動的現金

融資一方面是指借款和償還貸款,另一方面是指公司與股東之間的交易。因此,如果一間公司收到貸款,收益就會出現在這個類別中。如果一間公司從股東那裡獲得股權投資,也會顯示在這裡。如果公司還清貸款的本金、實施庫藏股或向股東支付股利,這些現金支出也將出現在此類別中。

這裡又有了一些令人混淆的標籤：如果股東向一間公司投資更多錢，那麼所涉及的現金就會出現在融資項目下，而不是投資項目。

融資給一間公司

公司的融資方式是指它如何獲得啟動或擴張所需的現金。通常公司是透過債務、股權來進行融資，或兩者皆有。債務是指從銀行、家庭成員或其他債權人那裡借錢。股權是指讓人們買進公司的股票。

每個類別告訴你的事

你馬上就會看到現金流量表中有很多有用的資訊。第一類顯示營運現金流，這在許多方面是顯示企業健全情況的**最重要數字**。一間擁有持續健康經營現金流的公司可能有賺錢，而且公司可能在將獲利轉化為現金方面做得很好。此外，健全的營運現金流表示企業內部有能力為更多的成長提供資金，而無需借入或出售更多股票。

第二類顯示公司花費了多少現金在投資未來。如果這個數字相對於公司的規模來說較低，那麼公司可能根本沒有投資太多；管理團隊可能將企業視為「搖錢樹」，榨取公司可以產生的現金，而不投資於未來的成長。如果這個數字相對於公司規模來說很高，則可能表示管理團隊對公司的未來寄

予厚望。當然，什麼算高什麼算低，要視公司的類型而定。舉例來說，服務業投資的資產通常比製造業還要少。因此，你的分析必須反映你正在評估的公司的整體情況。

實施庫藏股

如果一間公司擁有額外的現金，而且認為其股票的交易價格低於應有的價格，公司可能會實施庫藏股交易。這麼做的效果是減少在外流通股數，因而增加股價上漲的可能性。

第三個類別顯示了公司對外部融資的依賴程度。一段時間後查看這個類別，你可以看到該公司是不是淨借款人（借款多於還款）。你還可以查看它是否一直在向外部投資人出售新股，還是回購自家的股票。

最後，現金流量表允許你計算巴菲特著名的業主盈餘指標，在華爾街稱為自由現金流。（請參閱這一 Part 最後的知識補給站。）

華爾街近年來愈來愈關注現金流量表。舉例來說，許多分析師已經開始將損益表的部分內容與現金流量表的部分內容進行比較，以確保公司將其獲利轉化為現金。此外，正如巴菲特所知，現金流量表上的數字操縱空間比其他數字要小得多。可以肯定的是，「空間比較小」並不代表「沒有空間」。舉例來說，如果一間公司試圖在某一季顯示良好的現

金流，公司可能會將支付供應商或員工獎金延遲到下一季。但是除非公司一遍又一遍地拖延付款（到了最後，沒有收到付款的供應商將停止供應商品和服務），否則影響將只在短期內顯著。

第18章

現金是企業存活的關鍵

當你學會閱讀現金流量表後,就可以直接照著內容進行檢查,看看流量表告訴你的有關公司現金狀況的資訊。然後,你可以弄清楚你是如何影響現金狀況的——身為經理人,你要如何協助改善企業的現金狀況。我們將在第19章中詳細說明其中的一些機會。

但是,如果你是那種喜歡拼圖的人,也就是喜歡了解你正在查看的東西的邏輯,那麼請繼續閱讀本章。因為你可能已經發現到:你只需查看損益表和兩張資產負債表,即可計算現金流量表。

計算並不難:只需要加法和減法就好。但在這個過程中很容易迷失方向。原因是會計師不只擁有一套特殊的語言和一套特殊的工具和技術;他們也有一定的思維方式。他們了解損益表上報告的獲利,是某些規則、假設、估計和計算的結果。他們了解,資產負債表上的資產,並不像資產負債表所說的那樣「真正的」值錢,這同樣是因為對資產進行估值的規則、假設和估計。但會計師也明白,我們所說的財務藝術並不抽象。

最終,這些規則、假設和估計都必須為我們提供關於現實世界的有用資訊。而且由於在財務中,現實世界是以現金表示的,因此資產負債表和損益表必須與現金流量表有一定的邏輯關係。

你可以在一般交易中看到關聯。舉例來說,以 100 美元的賒銷為例。顯示為:

- 資產負債表上的應收帳款增加 100 美元,以及
- 損益表上的銷售額增加了 100 美元

當客戶支付帳單時,情況如下:

- 應收帳款減少 100 美元,以及
- 現金增加 100 美元

這些變化都會顯示在資產負債表上。但是,由於現在涉及現金,這筆交易也會影響現金流量表。

你可以透過這種方式觀察各種交易的效果。假設一間公司採購價值 100 美元的庫存。資產負債表記錄了兩個改變:應付帳款增加了 100 美元,庫存增加了 100 美元。當公司支付帳單時,應付帳款減少 100 美元,現金減少 100 美元——同樣的,兩者都在資產負債表上。當該庫存售出時(無論是零售商提供的原樣庫存,還是經過加工製造成產品),價值 100 美元的銷貨成本將記錄在損益表上。這些交易的現金部分(最初支付的 100 美元現金應付帳款和後來從成品銷售中

獲得的現金）會列在現金流量表中。

因此，這些交易最終都會對損益表、資產負債表和現金流量表產生影響。事實上，大多數交易最後都會進入這三份報表中。為了說明更具體的關聯，我們要帶你了解會計師如何使用損益表和兩個資產負債表來計算現金流。

調節獲利與現金

此過程的第一個練習是調節獲利與現金。你在這裡要回答的問題非常簡單：由於我們的淨利是 X 元，這對我們的現金流有什麼影響？

我們從淨利開始，原因如下：如果每筆交易都完全以現金形式進行，並且沒有折舊等非現金費用，那麼淨利和營業現金流就會完全一樣。但是，由於在大多數企業中，並非一切都是以現金交易，因此我們需要確定，損益表和資產負債表上的哪些項目具有增加或減少現金的效果，換句話說，使營運現金流與淨利不同。正如會計師所說，我們需要找到淨利的「調整」，當數字相加時就會計算出現金流的變化。

這種調整的其中一種，就是應收帳款。在任何指定的時間範圍內，公司都會從應收帳款中獲得一些現金。這會減少資產負債表上的應收帳款項目。但是，公司也進行了更多的賒銷，這增加了應收帳款項目。我們可以透過查看應收帳款從一個資產負債表到另一個資產負債表的變化，「淨計算」這兩種類型的交易的現金數字。（請記住，資產負債表是針對特定日期的，因此當你比較兩個資產負債表時可以看到變

化。)

舉例來說,假設你的公司在月初的資產負債表上有 100 美元的應收帳款。你在當月得到 75 美元的現金,並獲得了價值 100 美元新的賒銷。以下是你計算月底應收帳款項目的方法:

$$\$100 - \$75 + \$100 = \$125$$

對帳

在財務環境中,對帳的意思是使公司資產負債表上的現金額度與公司在銀行中的實際現金相符——有點像拿出你的支票簿來計算收支一樣,但規模更大。

由於你本月初的應收帳款為 100 美元,因此從期初到期末的應收帳款變化為 25 美元。請注意,這個變化也等於新的銷售額(100 美元)減去收到的現金(75 美元)。換句話說,收到的現金等於新的銷售額減去應收帳款的變化。

另一個調整是折舊。在計算淨利潤的過程中,從營業利益中扣除折舊。但正如我們了解的,折舊是一種非現金的費用;它對現金流沒有影響。所以你必須把它加回去。

一間新創公司

這樣清楚了嗎?可能不清楚。所以我們來想像一間非常簡單的新創公司,第一個月銷售額為 100 美元。當月的銷貨成本為 50 美元,其他費用為 15 美元,折舊為 10 美元。你知道當月的損益表將顯示如下:

圖表 18-1　某家新創公司的損益表

損益表	
銷售額	$100
銷貨成本	50
毛利	50
支出	15
折舊	10
淨利	$25

我們假設銷售額都是應收帳款——還沒有現金進來——而且銷貨成本都是應付帳款。使用這些資訊,我們可以建構兩個未完成的資產負債表:

圖表 18-2　某家新創公司的資產負債表(未完成)

資產	月初	月底	變化
應收帳款	0	$100	$100

負債			
應付帳款	0	$50	$50

現在我們可以邁出建構現金流量表的第一步。這裡的關鍵規則是，如果資產增加，現金就會減少——所以我們從淨利中減掉增加的部分。而負債的情況則正好相反。如果負債增加，現金也會增加，因此我們將增加的金額加入淨利。

計算結果如下：

剛開始的淨利	$ 25
減去應收帳款增加	（100）
加入應付帳款增加	50
加入折舊	10
等於：淨現金變化	$（15）

你可以看到這是真的，因為公司在這段期間唯一的現金費用是 15 美元的支出。然而，如果是一間真正的公司，你不能只是看一眼來確認你的結果，所以你需要按照相同的規則謹慎計算現金流量表。

一間真實的公司

我們用一個更複雜的例子來試試看。以下是某虛構公司的損益表和資產負債表，內容與附錄相同：

圖表 18-3　某間虛構公司的損益表

損益表
（單位為百萬）

	截至 2012 年 12 月 31 日的年度
銷售額	$8,689
銷貨成本	6,756
毛利	**$1,933**
業務、一般和管理費用	$1,061
折舊	239
其他收入	19
息稅前盈餘	**$652**
利息支出	191
稅額	213
淨利	**$ 248**

圖表 18-4　某間虛構公司的資產負債表

資產負債表
（單位為百萬）

	12/31/2012	12/31/2011
資產		
現金與約當現金	$83	$72
應收帳款	1,312	1,204
庫存	1,270	1,514
其他流動資產和應計項目	85	67

總流動資產	2,750	2,857
不動產、廠房和設備	2,230	2,264
其他長期資產	213	233
總資產	**$5,193**	**$5,354**
負債		
應付帳款	$1,022	$1,129
信用額度	100	150
一年內到期長期負債	52	51
流動負債總額	1,174	1,330
長期負債	1,037	1,158
其他長期負債	525	491
總負債	**$2,736**	**$2,979**
股東權益		
普通股，面值 1 美元（2012 及 2011 年，授權 1 億股，7,400 萬股在外流通）	$74	$74
追加實收資本	1,110	1,110
保留盈餘	1,273	1,191
股東權益總額	**$2,457**	**$2,375**
負債和股東權益總額	**$5,193**	**$5,354**

2012年註腳：

折舊	*$239*
普通股數（單位為百萬）	*74*
每股盈餘	*$3.35*
每股股利	*$2.24*

與我們之前給的簡單範例相同的邏輯適用：
- 查看從一個資產負債表到另一個資產負債表的所有變化。
- 確定更改是導致現金增加還是減少。
- 然後將金額加入或減去淨利。

步驟如下：

觀察	行動
從淨利開始 $248	—
折舊是 $239	將非現金費用（折舊）加到淨利中
應收帳款增加 $108	資產增加。從淨利中扣除這部分增加金額
庫存減少 $244	資產減少。在淨利中加入這部分減少金額
其他流動資產增加 $18	從淨利中扣除增加金額
不動產、廠房和設備增加 $205（調整折舊後獲利239美元——見註1）	從淨利中扣除增加金額

其他長期資產減少了 $20	資產減少。將這部分減少金額加回淨利
應付帳款減少 $107	負債減少。從淨利中扣除這部分減少金額
信用額度減少$50	從淨利中扣除這部分減少金額
一年內到期長期負債增加了 $1	負債增加。將這項增加的部分加到淨利中
長期負債減少了 $121	負債減少,從淨利中扣除這項減少的部分
其他長期負債增加了 $34	將這項增加的部分加入到淨利中
股東權益增加 $82	(見註2)

註1:在查看不動產、廠房和設備的變化時,為什麼我們需要調整折舊?請記住,資產負債表上的不動產、廠房和設備每年都會減去記入帳戶資產的折舊金額。因此,如果你以 10 萬美元的價格收購了一支貨車隊,那麼資產負債表在收購後立即會包括 10 萬美元用於不動產、廠房和設備生產線上的貨車。如果貨車當年的折舊為 1 萬美元,那麼在 12 個月結束時,不動產、廠房和設備項目中的貨車將是 9 萬美元。但折舊是一種非現金費用,由於我們想要得出一個現金數字,我們必須將折舊加回去以「排除」折舊這個因素。

註2:注意到資產負債表上註腳的股利了嗎?將股利乘以流通股數量,你將獲得大約 1.66 億美元(我們僅表示 166 美元)。248 美元的淨利減去 166 美元的股利等於 82 美元——這就是股東權益增加的金額。這是以保留盈餘留在公司的獲利金額。如果沒有支付股利或出售新股,那麼股權融資提供或使用的現金將為零。權益只會根據這段期間的獲利或損失金額增加或減少。

現在我們可以按照以下思路建構現金流量表。當然,對於像這樣完整的資產負債表,你也必須將現金變化放在正確的類別中。右邊的字顯示了每個數字的來源:

圖表 18-5　某間虛構公司的現金流量表

現金流量表
（以百萬計）

截至 2012 年 12 月 31 日的年度

經營活動產生的現金

淨利	$248	損益表上的淨利
折舊	239	損益表中的折舊
應收帳款	（108）	2011年至2012年的應收帳款變化
庫存	244	庫存變化
其他流動資產	（18）	其他流動資產變動
應付帳款	（107）	應付帳款變動
營運現金	**$498**	

用於投資的現金

不動產、廠房和設備	$（205）	不動產、廠房和設備的折舊變動
其他長期資產	20	資產負債表的改變
投資用的現金	**$（185）**	

融資的現金

	$（50）	短期信貸的變動
信貸額度	1	一年內到期長期負債變動
一年內到期長期負債	（121）	資產負債表的變動

其他長期負債	34	資產負債表的變動
股東權益	（166）	支付的股利
融資的現金	**$（302）**	
現金的變動	11	三段相加
期初現金	72	出自2011年的資產負債表
期末現金	**$83**	現金的變動＋期初現金

當然,「期末現金」等於期末資產負債表上的現金餘額。

這是一個很複雜的練習!但是你可以看得出來,在所有的關聯中都有很多美好和微妙之處(也許只有當你是一位會計師時才看得出來)。稍微深入表面之下——或是用另一個比喻,閱讀字裡行間——你可以看到所有數字是如何相互關聯的。你的財務智商正在上升,你對財務藝術的欣賞也在不斷增加。

第 19 章

理解現金概念的三大好處

當然，現在你可能會對自己說：「那又怎樣？搞懂這一切很麻煩，我幹嘛要在乎？」

首先，我們來看看範例公司的現金流量表（圖表 18-5）揭示了什麼。就營運來說，公司在創造現金方面的確做得很好。營運現金流遠高於淨利；庫存下降，因此可以合理地假設公司正在緊縮營運。這些因素共同讓公司的現金狀況更加穩固。

但是我們也可以看到，正在進行的新投資並不多。折舊超過新的投資，這讓我們懷疑管理團隊是否認為公司的未來很有潛力。與此同時，公司向股東支付可觀的股利，這可能表示投資者更看重的是公司創造現金的潛力，而非進一步擴展未來營運。（許多成長中的公司不會支付大額股利，因為他們保留盈餘以投資業務。有些則根本不支付股利。）

當然，這些都是關於範例公司的假設。要真正了解真相，你必須更了解一間公司、它從事的業務等等——這是擁有財務智商必須了解的大局。但是，如果你確實了解這些知識，現金流量表將告訴你非常多事。

這就引導我們思考你身為經理人的狀況，以及你自己公司的現金流情況。基於三個主要原因，你應該查看並試著理解現金流量表。

了解現金流的力量

首先，了解公司的現金狀況有助於了解當下的情況、業務的發展方向，以及高階管理團隊的優先事項可能是什麼。你不僅需要了解整體現金狀況是否健全，還需要了解現金的來源。是來自營運嗎？這是一件好事，這表示公司正在創造現金。投資現金流是一個相當大的負數嗎？如果不是，則可能表示該公司沒有投資於未來。那麼，融資現金流呢？如果投資資金流入，這可能是對未來的樂觀跡象，也可能代表公司正在拚命出售股票以維持生計。查看現金流量表可能會產生很多問題，但這些問題是必要的。我們是否還清了貸款？為什麼這麼做或為什麼不這麼做？我們是否正要採購設備？這些問題的答案將揭示很多關於經營團隊對於公司的計畫。

第二，了解你的工作如何影響現金。正如我們之前說過的，經理人應該同時注意獲利和現金。當然，他們的影響通常僅限於營運現金流，但這是最重要的衡量標準之一。例如：

- 應收帳款。如果你從事業務工作，你是否向按時支付帳單的客戶銷售產品？你是否與客戶建立了夠密切的關係，可以和他們討論付款條件？如果你從事客戶服務，你為客戶提供的服務是否夠好，讓他們願意按時

支付帳單？產品有沒有缺陷？發票準確嗎？收發室是否及時發送發票？接待員是否提供客戶幫助？這些因素全都有助於確定客戶對你公司的感覺，並間接影響他們支付帳單的速度。心懷不滿的客戶可能不會及時付款——他們會想要等到任何爭議得到解決後再說。

- **庫存。** 如果你在工程部門，你是否一直要求特殊產品？如果你這樣做，你可能在創造庫存的噩夢。如果你在營運部門並且希望有很多庫存，以防萬一，你可能會造成現金只是放在貨架上的情況，但是現金可以用於其他用途。製造和倉庫經理通常可以透過研究和應用豐田開創的精實企業原則，來大幅減少庫存。

- **費用。** 你是否盡可能延遲費用？你在採購時是否考慮現金流的時間安排？顯然，我們並不是說延遲費用總是明智的決定；當你決定花錢時，了解現金的影響並考慮到這一點是明智的。

- **讓客戶記帳。** 你是否太容易就讓潛在客戶記帳？或者，你是否在應該讓客戶記帳時不這麼做？這兩個決定都會影響公司的現金流和銷售額，這就是為什麼信貸部門總是必須小心取得平衡。

例子還有很多。也許你是一名工廠經理，你總是建議採購更多設備，以防萬一收到訂單。也許你在資訊部門，而且

你覺得公司一直都需要將電腦進行最新的升級。這些決策全都會影響現金流，高階經理人通常非常了解這一點。如果你想提出有效的請求，你需要熟悉他們正在查看的數字。

　　第三，與那些只關注損益表的管理者相比，了解現金流的管理者往往被賦予更多的責任，因此往往晉升得更快。例如，在下一 Part 中，你將學習計算比率，例如應收帳款周轉天數（days sales outstanding，DSO），這是衡量公司應收帳款效率的關鍵指標。收回應收帳款的速度愈快，公司的現金狀況就愈好。你可以去找財務部的人員問：「對了，我注意到過去幾個月我們的應收帳款周轉天數一直在增加——我可以如何幫助以改變這種情況？」或是，你可能會學習精實企業的戒律，這些戒律著重的其中一點是將庫存保持在最低限度。因此，經理人帶領公司轉向精實，就可以釋放大量的現金。

　　但我們在這裡的一般觀點是，現金流是衡量公司財務狀況的關鍵指標，此外還有獲利能力和股東權益。這是三個環節的最後一項，你需要這三個環節來評估公司的財務狀況。這也是財務智商第一級的最後一個環節。你現在已經很清楚了解這三份財務報表了。現在是時候進入下一個層級了——將這些資訊付諸實踐。

Part 4　知識補給站

自由現金流

好幾年前,華爾街最喜歡的衡量標準是 EBITDA,息前稅前折舊攤銷前利潤。銀行喜歡這個項目是因為他們認為這是未來現金流很好的指標。但隨後出現了雙重打擊。在 1990 年代後期的網路榮景期間,像世界通訊這樣的公司被發現作假帳。因此,他們的 EBITDA 數字並不可靠。當 2008 年金融危機爆發時,投資人和放款機構對於與損益表相關的任何指標都變得更加警惕。他們發現損益表裡充滿了估計和假設,這些報表上顯示的獲利不一定是真實的。

所以現在華爾街有一個熱門的新指標:自由現金流。一些公司多年來一直在注意自由現金流。巴菲特的波克夏・海瑟威是最著名的例子,不過巴菲特將之稱為業主盈餘。

你可以用幾種不同的方式計算自由現金流,但最常見的方法是簡單的減法:

自由現金流＝營運現金流－淨資本支出

這些數字直接來自現金流量表。營運現金流(或「經營活動提供的現金」)是報表最上面的總額。淨資本支出是購買不動產、廠房和設備的——現金流量表投資部分的一個項目。我們用淨資本支出一詞,因為許多企業將資本設備銷售

的任何收益加回去（投資部分的另一個項目）。請注意，淨資本支出幾乎總是一個負數，這可能會造成一些混淆。別管減號！只要從營運現金流中減去那一項的絕對值即可。舉例來說，使用附錄中的財務報表樣本（圖表 34-1 ～ 34-3），該公司的自由現金流將為 498 美元（營運現金）減去 205 美元（投資於不動產、廠房和設備的金額），就是 2.93 億美元。

投資人之所以傾向於這個指標，是因為現金不受估計和假設的影響，審計現金餘額很容易。除非公司根本在撒謊——而且這種謊言很可能很快就會被揭穿——否則它確實有報表上標明的現金流。此外，每當資本市場不景氣時（自 2008 年以來經常是如此），最有能力投資於成長的企業，將會是那些能夠自己創造現金的企業。

從公司的角度來看，健全的自由現金流為公司提供一些不錯的選擇。公司可以擴大業務、進行收購、償還債務、實施庫藏股或向股東支付股利；自由現金流較弱的公司則必須向外部融資才能實現這些目標。當然，你擁有的自由現金流愈多，華爾街就會愈看好你的股票。

即使是大公司也可能耗盡現金

我們在指導一問財星 100 大企業的高階經理人財務模組時，曾討論過現金的重要性。當時有一位出席者舉手講述一個故事。

她說，那是 2009 年第一季，資本市場陷入困境。她的一個客戶打電話來。客戶在公司的財務部門有 1 億美元的信

貸額度,並希望能使用全部的額度。她不同意,並說這個客戶的資產負債表上似乎有大量現金。但客戶仍堅持。

因此,這位高階經理人聯絡她公司的財務部門,要求將資金匯款到她客戶的帳戶。對於這樣一間大公司來說,這個請求通常是例行公事,但這次財務部告訴她,公司沒有足夠的現金來轉帳。這位高階經理人非常震驚。她問:「我沒聽錯嗎?」然後她說:「你真的想讓我告訴客戶,我們公司沒有現金來支付這筆承諾的信貸額度嗎?」最後,財務代表請她聯絡執行長辦公室獲得批准,那麼他和同事會設法去找現金。最後他們的確也找到辦法拿出現金了。

一家大型企業怎麼可能會面臨現金短缺的危機?事實上,問題出現在幕後。2009 年初的某一兩週內,華爾街的商業票據市場突然停擺,原因是金融市場的極度不確定性。商業票據指的是發放給大型、穩定企業的短期借款,通常期限為 30 天、60 天或 90 天。許多大型企業依賴這種低利率票據來滿足短期資金需求,並透過不斷展期來維持資金流動。

這家企業正是如此,當時它使用了數十億美元的商業票據來營運。每週都有數十億美元的票據到期,而企業通常會發行新的票據來償還舊的票據。然而,由於市場關閉,企業突然面臨數十億美元的資金缺口,迫使它不得不緊急尋找其他資金來源來填補短缺。

Part 5

比率是速查公司現狀的最佳工具

第20章

比率提供比較的基礎

　　伊曼紐・康特（Immanuel Kant）說：「眼睛可能不一定是通往靈魂的窗戶。」但比率絕對是了解公司財務報表的視窗。比率提供了快速的捷徑，幫助我們了解財務數字在說什麼。

　　有一個經典的故事很適切地說明這一點。那一年是1997年。惡名昭彰的「電鋸艾爾」鄧拉普最近成為了夏繽的執行長，當時這是一間獨立的電器製造商。當鄧拉普來到夏繽時，已經在華爾街享有盛譽，並且有標準的行事手法。他會加入一間陷入困境的公司，開除經營團隊，引入自己的員工，然後立即開始透過關閉或出售工廠和解雇數千名員工來削減開支。

　　很快的，因為大幅裁員，公司就會實現獲利，儘管從長遠來看，這麼做可能沒有讓公司居於有利的地位。然後，鄧拉普會安排將其出售，通常會以溢價出售──表示他經常被譽為股東價值的捍衛者。夏繽的股價在他獲聘為執行長的消息傳出後上漲了超過50%。

　　一切在夏繽都按往常的計畫進行，直到鄧拉普開始準備

出售公司。到了那時，他已經將員工人數減少了一半，從12,000 人減少到 6,000 人，並公布豐厚的獲利。華爾街非常驚訝，於是夏繽的股價飆升——正如我們之前提到的，這被證明是一個主要問題。當投資銀行出售公司時，價格漲得太高導致他們很難找到潛在買方。鄧拉普唯一的希望是將營收和盈餘提高到一個程度，以證明買方為夏繽股票付出的溢價是合理的。

用比率來破解會計花招

我們現在知道，鄧拉普和他的財務長洛斯・克許（Russ Kersh）在第四季使用了一整套會計花招，使夏繽看起來比實際更強大、獲利更高。其中，他們還濫用並扭曲了一種被稱為「開帳單並代管」（bill-and-hold）的會計操作方式。

開帳單並代管本質上是一種配合零售商的方式，這些零售商希望在未來採購大量產品進行銷售，但延後付款直到產品實際售出為止。

假設你有一間玩具連鎖店，而且你想確保在聖誕節期間有足夠的芭比娃娃供應。早在春季的某一天，你可能會去美泰兒公司（Mattel）提出一項交易，你將採購一定數量的芭比娃娃，並將這些芭比入庫，甚至讓美泰兒為你開帳單——但直到聖誕節到來，你開賣這些娃娃以前，你都不會支付芭比的款項。同時，你會先將芭比保存在倉庫中。這對你來說是一筆划算的交易，因為你可以在需要時擁有芭比娃娃，但你可以延後支付芭比的費用，直到你有可觀的現金流。

這對美泰兒來說也是一筆划算的交易，美泰兒可以進行銷售並立即記在帳上，就算公司必須再等幾個月才能收回現金也沒關係。

鄧拉普認為，開帳單並代管的另一種形式是解決他問題的一個答案。第四季對夏繽來說並不是獲利特別強勁的時期，因為它生產的產品很多是夏季用的——例如燃氣烤架。因此，夏繽去找沃爾瑪和K商場（Kmart）等主要零售商，並提出保證，只要他們在冬季採購，他們就可以在明年夏天擁有他們想要的所有烤架。他們會立即收到帳單，但直到春季他們真正將商品放入商店時才付款。零售商對這個提議很冷淡。他們沒有地方存放這些東西，也不想承擔整個冬天儲存庫存的費用。夏繽說：「沒問題，我們會幫你處理的。我們會在你的設施附近租用空間，並自行承擔所有倉儲費用。」

據推測，零售商同意了這些條款，不過在鄧拉普被解僱後進行的審計無法找到完整的書面記錄。無論如何，夏繽公司繼續公布，根據公司的開帳單並代管交易，第四季度的銷售額增加了3,600萬美元。這個騙局效果很好，足以騙過大多數分析師、投資人，甚至是夏繽的董事會，他們在1998年初用豐厚的新雇用合約來獎勵鄧拉普和執行團隊的其他成員。雖然他們上班才不到一年，卻收到了大約3800萬美元的股票，這主要是因為錯誤地以為公司剛公布的第四季財報表現出色。

但是投資公司潘恩‧韋伯（Paine Webber）的消費品分析師安德魯‧蕭爾（Andrew Shore）自鄧拉普上任以來就一

直在注意夏繽，此時正在審查其財務狀況。他注意到了一些奇怪的情況，比如第四季的營收高於正常水準。然後他計算了一個稱為應收帳款周轉天數（DSO）的比率，發現這個比率很高，遠高於應有的程度。實際上，這顯示公司的應收帳款已飆升過高。這是一個不好的跡象，所以他打電話給夏繽的一位會計師，詢問發生了什麼事。這位會計師向蕭爾說明開帳單並代管策略。蕭爾發現，夏繽已經記錄了通常出現在第一季和第二季的大量營收。在發現這種開帳單並代管遊戲和其他可疑做法後，他立即下調了該這支個股的評等。

剩下的大家都知道了。鄧拉普試圖堅持下去，但股價暴跌，投資人對夏繽的財務狀況愈來愈警惕。最後鄧拉普被開除，夏繽破產——這一切都要歸功於安德魯・蕭爾有足夠的知識深入研究，找出實際發生的情況。應收帳款周轉天數等比率對蕭爾來說是一個有用的工具，對你也會很有用。

分析比率

比率表示一個數字與另一個數字的關係。人們每天都在使用比率。棒球運動員的平均擊球率為 0.333，顯示的是安打和打數之間的關係——每三次擊球就有一次安打。中樂透頭獎的機率，比如 600 萬分之一，顯示了已售出的中獎彩券（1）與已售出的彩券總數（600 萬張）之間的關係。比率不需要任何複雜的計算。要計算比率，通常只需將一個數字除以另一個數字，然後將結果表示為小數或百分比就可以了。

各式各樣的人在評估企業時，都會使用各種財務比率。舉例來說：

- 銀行和其他貸款人會查看負債權益比（debt-to-equity）之類的比率，這讓他們了解公司是否有能力償還貸款。

- 高階經理人會注意毛利率之類的比率，這有助於他們察覺到成本上升或不適當的折扣促銷。

- 信貸經理會查看速動比率（quick ratio）來評估潛在客戶的財務狀況，這讓他們可以知道客戶的現成現金供應與其流動負債的對比。

- 潛在股東和現有股東查看本益比之類的比率，這有助於他們透過與其他股票（以及前幾年的自身價值）進行比較，來決定公司的估值是高還是低。

在本書的這一 Part，我們將說明如何計算許多這樣的比率。計算這些數字的能力，也就是閱讀財務中隱藏資訊的能力，標誌者你的財務智商高低。了解這些比率，你就能向老闆或財務長提出許多高明的問題。當然，我們會解釋如何使用這些數字來提高公司的獲利績效。

比率的力量在於，財務報表中的數字本身並不能揭示完整的情況。1,000 萬美元的淨利對公司來說是健全的獲利

嗎？誰知道呢？這取決於公司的規模、去年的淨利、今年的預期淨利以及許多其他變數。如果你問獲利 1,000 萬美元是好還是壞，唯一可能的答案是一個笑話中女人給出的答案──當有人問一個女人，她的老公好不好時，她回答說：「跟什麼比？」

比率提供了比較點，因此比單獨的原始數字能告訴你的資訊更多。舉例來說，獲利可以與銷售額、總資產或股東投資於公司的股權金額進行比較。不同的比率表示每種關係，每個比率都為你提供了一種衡量 1,000 萬美元獲利是好消息還是壞消息的方法。正如我們將看到的，財務資料中的許多不同項目都被納入比率中。這些比率可以幫助你了解正在查看的數字是有利還是不利。

此外，比率本身可以進行比較。例如：

- 你可以比較一段時間內的比率。今年的獲利相對於營收是上升還是下降？這種層級的分析可以揭示一些強大的趨勢線，如果比率朝著錯誤的方向發展，則可以揭示一些重要的警訊。

- 你還可以將比率與預測值比較。以我們稍後要介紹的其中一個比率來舉例，如果你的庫存周轉率比預期的更差，你就需要找出原因。

- 你可以將比率與業界平均進行比較。如果你發現公司的關鍵比率比你的競爭對手還要差，你絕對會想要找

出原因。當然，即使在同一個產業，比率結果也可能有所不同，但大致上會有一個合理的範圍。當比率超出那個範圍時，就像夏繽公司的應收帳款周轉天數那樣，那就值得你特別留意。

企業的經理人和其他利益相關者，通常會使用四種比率來分析公司業績：獲利能力比率、槓桿比率、流動比率和效率比。每個類別我們都會提供範例。但請注意，財務人員可以修改其中許多公式，以解決特定的方法或問題。我們經常在客戶身上看到這種情況。

舉例來說，矽谷的一個客戶使用的公式是其業務獨有的；因此，很難將該公司的結果與競爭對手的結果進行比較，後者也有自己獨特的公式。這種調整並不表示人們在作假帳，他們只是在利用專業知識來獲得對特定情況最有用的資訊（是的，甚至在公式中也有藝術）。我們將提供的是基礎公式，是你最先需要學習的工具。每個公式都提供不同的視角，就像從四邊的窗戶看房子一樣。

單一比率不能說明全局

在開始之前，我們想說明一個注意事項。根據我們的經驗，有些公司會將注意力集中在一、兩個比率上，而忽略了其他關鍵比率和業務的大局。舉例來說，每間上市公司都重視每股盈餘，這是投資人密切關注的比率。許多人則會注意淨利率，而忽略了可能顯示其他領域表現不佳的比率。

舉例來說，當老喬在 1990 年代初期在福特工作時，他被分配了為某類售後零件定價的任務。福特希望整個零件系列有一個預定的獲利率，並要求據此設定價格。結果在老喬的產品線中，福特有一個倉庫裝滿了賣不出去的野馬汽車舊零件。由於福特的價格很高，潛在買方往往選擇從廢車場或副廠賣方那裡，用更便宜的價格採購零件。

老喬發現，這些零件正在消耗福特的倉儲空間，而且在公司的資產負債表上記錄為庫存，正如我們所知，這會占用現金。但是，當他建議大幅打折零件以釋出空間，減少這類庫存時，管理團隊的回答很簡單：不要。他們說，如果我們這樣做，產品線就不會達到其獲利率目標。所以從來沒有考慮過價格折扣。

在我們看來，福特當時過於關注獲利率這個比率，而忽略了可能顯示銷售零件價值的比率。如果公司折扣出售零件，雖然獲得的獲利率將低於其目標，但整體獲利會更高，因為若不做這件事，這些零件根本賣不出去。此外，這樣做釋放倉庫空間並將其部分庫存轉換為現金，使資產報酬率、自由現金流和資產周轉率都會有所改善，還有其他比率也是。

還有一件事要注意：**當你查看比率時，你還需要考慮數字的總體價值。**如果沃爾瑪的年銷售額超過 4,000 億美元，始終保持 3% 的獲利率，這比銷售額為 5,000 萬美元的企業 30% 的獲利率要多得多。雖然比率是財務分析的重要環節，但仍需與其他資訊整體對照，才能全盤了解情況。

第21章

用獲利能力比率評估公司成長性

　　獲利能力比率可以幫助你評估公司創造獲利的能力。而獲利能力比率有幾十種，所以財務部門的人員會很忙。但我們只關注最重要的部分。這些確實是大多數經理人唯一需要理解和使用的。獲利能力比率是最常見的比率。如果你了解這些比率，就是在財務報表分析方面有了好的開始。

　　但是在我們深入研究之前，請記住我們正在研究的內容的巧妙之處。獲利能力是衡量公司產生銷售和控制費用能力的指標，這些數字都不是完全客觀的。銷售受何時記錄收入的規則約束。費用通常只是估計值，更不用說有時是猜測了。假設都內置於這兩組數字中。因此，**損益表中的獲利是財務藝術的產物，以這些數字為基礎的任何比率都會反映所有估計和假設**。我們不是說以假設產生的數字沒用，比率仍然是有用的，只是要記住，估計和假設總是會發生變化。

　　我們說過會說明獲利能力比率，那麼現在就來談談吧。

毛利率百分比

你還記得，毛利是營收減去銷貨成本。毛利率百分比，通常稱為毛利率，只是毛利除以收入，結果以百分比表示。查看附錄中的損益表樣本（圖表 34-1），我們將使用它來計算所有比率的範例。在這種情況下，計算如下：

$$\text{毛利率} = \frac{\text{毛利}}{\text{營收}} - \frac{\$1,933}{\$8,689} = 22.2\%$$

毛利率顯示產品或服務本身的基本獲利能力，不包括費用或間接費用。它告訴你在業務中使用的每 1 美元銷售額中有多少可以用於業務營運（在本例中為 22.2 美分），以及（間接地）你必須支付多少直接成本（銷貨成本或服務成本），才能生產產品或交付服務。（在本範例中，銷貨成本或服務成本為每 1 美元 77.8 美分）。因此，它是衡量公司財務狀況的關鍵指標。畢竟，如果你無法以高於成本的價格提供產品或服務來支撐公司的其他部分，就沒有機會賺取淨利。

毛利率中的趨勢線同樣重要，因為這些表示潛在的問題。假設一間公司宣布某一季出色的銷售優於預期，但是後來股價卻下跌了。為什麼會這樣呢？也許分析師注意到毛利率正在下降，並假設該公司一定有相當大的折扣，以記錄銷售額。一般來說，毛利率的負面趨勢顯示的是以下兩種情況之一（有時兩者兼有）。要不是公司面臨嚴重的價格壓力，所以銷售人員被迫降價促銷，不然就是材料和勞力成本上升，推高了銷貨成本或服務成本。因此，毛利率可以成為一種警示燈，指出市場的有利或不利趨勢。

營業利益率百分比

營業利益率百分比（Operating profit margin percentage）簡稱營業利益率，是衡量公司產生獲利能力的更全面指標。請記住，營業利益（EBIT）是毛利減掉營業支出，因此營業利益水準表示公司從營運角度經營其整個業務的情況。營業利益率只是營業利益除以營收，結果以百分比表示：

$$營業利益率 = \frac{毛利（息前、稅前）營業利益}{營收} = \frac{\$652}{\$8,689} = 7.5\%$$

營業利益率可能是經理人需要關注的關鍵指標，這不只是因為許多公司將獎金的支付與營業利益率目標相關聯。原因是非財務經理對其他專案（利息和稅收）沒有太多的控制權，這些專案最終被減去以獲得淨利率。因此，營業利益率是衡量經理這個群體的工作表現的良好指標。營業利益率的下降趨勢線應為閃爍的黃燈。這顯示成本和費用的增加速度高於銷售額的成長速度，這很少是一個健全的跡象。與毛利率一樣，當你查看百分比而不是原始的數字，就更容易看到經營結果的趨勢。百分比變化不只是顯示變化的方向，還會顯示變化的幅度。

淨利率百分比

淨利率百分比（Net profit margin percentage）簡稱淨利率，可以告訴你公司在支付了所有其他費用（人員、供應商、放款機構、政府等）後，每 1 美元銷售額中可以保留多少。這也被稱為銷售回報率（return on sales，ROS）。同樣的，這只是淨利除以收入，然後以百分比表示：

$$淨利率 = \frac{淨利}{營收} = \frac{\$248}{\$8,689} = 2.8\%$$

淨利是眾所周知的最後一個項目，因此淨利率是最後一個項目比率。但不同產業的情況差異很大。舉例來說，大多數零售業的淨利率都很低。在某些類型的製造業中，這個比率可能相對較高。淨利率的最佳比較點是公司在前一段時期的業績，及其相對於同行業同類公司的表現。

到目前為止，我們查看的所有比率都只使用損益表中的數字。現在我們想介紹一些不同的獲利能力指標，這些指標來自損益表和資產負債表。

資產報酬率

資產報酬率（Return on assets，ROA）可以讓你知道，投資於公司的每 1 美元中有多少百分比是返還給你的利潤。這個衡量標準並不像我們已經提到的那麼直觀，但基本概念並不複雜。每間公司都會讓資產發揮作用：現金、設施、機

器、設備、車輛、庫存,不管是什麼。製造業可能有大量的資金在廠房和設備上。服務業可能會有昂貴的電腦和通訊系統。零售商則需要大量庫存。這些資產全都顯示在資產負債表上。總資產數字顯示的是企業中用於創造獲利的金額,無論是何種形式。ROA 只是顯示公司利用這些資產來創造獲利的效率。這是一個可用於任何特定產業以比較不同規模公司績效的指標。

公式(和範例計算)很簡單:

$$資產報酬率 = \frac{淨利}{總資產} = \frac{\$248}{\$5,193} = 4.8\%$$

與前面提到的損益表比率相比,資產報酬率還有另一個特點。毛利率或淨利率很難太高;你通常希望看到這兩個數字愈高愈好。但資產報酬率則可能會太高。遠高於產業正常情況的資產報酬率,可能表示公司沒有為未來更新其資產基礎,也就是說,它沒有投資新的機器和設備。如果是真的,那麼無論其資產報酬率目前看起來多麼好,其長期前景都會受到影響。(但在評估資產報酬率時,請記住,不同產業的正常情況差異很大。與製造業相比,服務業和零售業對資產的需求比較少;但是話說回來,服務與零售業產生的獲利空間通常也比較低。)

如果資產報酬率非常高,另一種可能性是高階經理人對資產負債表的態度很隨便,使用各種會計技巧來降低資產基礎,使資產報酬率看起來比較好。還記得 2001 年倒閉的能

源交易公司安隆（Enron）嗎？安隆建立了許多由財務長安德魯‧法斯托（Andrew Fastow）和其他高階經理人部分擁有的合夥企業，然後將資產「出售」給這些合夥企業。該公司在合夥企業利潤中的占比出現在損益表中，但資產沒有出現在資產負債表上。安隆的資產報酬率很好，但並不是一間健全的公司。

投資報酬率

為什麼投資報酬率未包含在我們的獲利能力比率清單中？原因是這個術語有許多不同的含義。傳統上來說，投資報酬率與資產報酬率相同。但是現在這也可能表示特定投資的報酬。那部機器的投資報酬率是多少？我們培訓計畫的投資報酬率是多少？我們新收購的投資報酬率是多少？這些計算會有所不同，這要視人們如何衡量成本和報酬而定。我們將在Part 6中回到這類投資報酬率的計算。

股東權益報酬率

股東權益報酬率（Return on equity，ROE）略有不同：它告訴我們投資於公司的每1美元股權所賺取的獲利百分比。記住資產和權益之間的差別：資產是指公司擁有的資產，而權益是指由會計規則確定的淨值。

與其他獲利能力比率一樣,股東權益報酬率可用於將公司與其競爭對手(當然還有其他產業的公司)進行比較。儘管如此,比較未必是件簡單的事。例如,A 公司的股東權益報酬率可能高於 B 公司,因為 A 公司借入了更多錢——也就是說,它的負債更多,而且成比例地投資於公司的股權較少。這是好事還是壞事?答案要視 A 公司是否承擔了太多風險而定,或是相較之下,A 公司是否明智地使用借來的資金來提高其報酬。這讓我們進入了諸如負債對權益之類的比率,我們將在第 22 章中討論。

　　無論如何,以下是股東權益報酬率的公式和範例計算:

$$\text{股東權益報酬率} = \frac{\text{淨利}}{\text{股東權益}} = \frac{\$248}{\$2,457} = 10.1\%$$

　　從投資人的角度來看,股東權益報酬率是一個關鍵比率。視利率而定,投資人可能會從公債中賺取 2%、3% 或 4%,這幾乎是你可以獲得的無風險投資。因此,如果有人打算將資金投入一間公司,他會希望股東權益報酬率要比公債高得多。股東權益報酬率沒有具體說明這個人最終會從公司獲得多少現金,因為這要視公司的股利支付政策,以及在他出售之前股價升值多少而定。但這是很好的指標,顯示公司是否有能力產生足夠的回報藉以彌補投資可能帶來的風險。

主題變體：RONA、ROTC、ROIC 和 ROCE

許多企業使用更複雜的獲利能力比率來衡量他們的績效。這些包括淨資產報酬率（return on net assets，RONA）、總資本報酬率（return on total capital，ROTC）、投資資本報酬率（return on invested capital，ROIC）和資本運用報酬率（return on capital employed，ROCE）。每一間公司使用不同的公式來計算這些比率，但是這些基本上都是在衡量相同的事情：**企業相對於其外部投資和融資產生了多少報酬**。換句話說，這些數字回答的是這個問題：公司是否賺取了足夠的獲利，來證明它合理使用「別人的錢」？

用於計算這些比率的通用公式如下：

$$\frac{債務息前與稅後的淨利}{(權益總額+計息債務總額)}$$

分子通常稱為 NOPAT，代表稅後淨營業利益（net operating profit after tax）。這顯示了如果公司（1）沒有債務，因此（2）沒有利息成本，但（3）必須為其所有營業利益繳稅，符合以上三條件的情況下，公司會賺多少錢。（債務利息可以抵扣稅額。）

在淨資產報酬率方法中，分母是總資產減去由不計息負債（例如應付帳款和應計費用）融資的所有資產。在上式所示的 ROCE、ROIC 或 ROTC 方法中，分母是總權益加上所有計息債務。基本上，這些不同的方法相當於同一回事。你將必須支付利息的負債與無需支付利息的負債分開。這種分

離反映了一個事實,那就是經營企業所需的一些資金來自應計負債、應付帳款和遞延稅款等專案。這些最終會成為損益表上的費用,但被欠款的人並不預期會得到報酬。

使用附錄中的範例損益表和資產負債表(圖表 34-1、34-2),你可以按照以下方式計算這些比率。為了簡單起見,我們省略了 0:

1. 計算公司的稅前收入。這只是營業利益或息稅前盈餘減去利息支出:652 美元 − 191 美元 = 461 美元。

2. 判斷公司的稅率。這在損益表上顯示 213 美元的稅款費用,以及 213 美元 ÷ 461 美元 = 46%。這比大多數美國企業還要高一點,美國企業通常支付的稅率是 30% 到 40%(編按:台灣企業應繳稅金分成營業稅及營所稅,營業稅率一般為 5%,營所稅率一般為 20%)。

3. 判斷公司營業利益的繳稅義務:

652×46% = 301 美元。稅後淨營業利益為 652 − 301,也就是 351 美元。這是所有比率的分子。

4. 計算分母。首先將資產負債表上的所有計息負債相加。在這個例子中,這個類別包括 100 美元的信用額度、52 美元的一年內到期長期負債和 1,037 美元的長期負債。總額為 1,189 美元。資產負債表上的其他負

債不計利息——不過在現實世界中,你可能需要確定這些錢是否真的不計息。通常是這樣沒錯。

5. 現在將這個數字加上總淨值:1,189 美元 + 2,457 美元 = 3,646 美元。這是外人提供的所有資本,加上公司從獲利中保留的任何資金。這是比率的分母。

6. 最後,計算這間公司的 RONA、ROTC、ROIC 或 ROCE:

$$\frac{\$351}{\$3,646} = 9.6\%$$

這一切代表什麼?投資於這間公司的每 1 美元,過去一年的報酬率為 9.6%。如果比率高於預期,則擁有資金的利益相關者會很高興。如果比較低,他們可能會想抽資並改投資於其他地方。這些比率對於衡量企業整體資本報酬來說非常重要。

關於這些比率的一點說明:你會注意到這些將損益表中的獲利數字,與資產負債表中的資本數字進行比較。這會產生一個潛在的問題:稅後淨營業利益表示一整年賺取的錢,但分母(總資本)顯示的是單一時間點,也就是年底。許多金融人士比較喜歡取得一年中的幾張資產負債表,來計算出「平均」總資本數字,而不只是看年底的數字。(有關這個主題的更多資訊,請參閱本 Part 最後的知識補給站。)

無論你是計算簡單的還是較複雜的獲利能力比率,請記

住一件事：分子是某種形式的獲利，始終是一個估計值。分母也是假設和估計。這些比率非常有用，尤其是長時間追蹤以建立趨勢線時。但我們不應該傻傻地以為這些數字不會受到財務藝術的影響。

第 22 章

用槓桿比率確認公司財務平衡度

　　槓桿比率讓你了解公司如何使用債務，以及使用多少債務。對許多人來說，債務是一個有多重意義的詞：它會讓人聯想到信用卡、利息支付、一間欠銀行錢的企業。但請參考一個類比：房屋擁有權。只要一個家庭承擔了它能負擔得起的抵押貸款，負債就可以讓這個家庭住在他們可能永遠無法完全擁有的房子裡。

　　更重要的是，屋主可以從他們的應稅收入中扣除為債務支付的利息，使擁有那間房子的代價更便宜。企業也是如此：債務使公司能夠發展到超出其投資資本所允許的水準，並確實獲得擴大其股本基礎的利潤。企業還可以從其應稅收入中扣除債務利息支付。金融分析師將債務稱為槓桿，這個術語的含義是，企業可以使用少量資本，透過債務累積大量資產來經營企業，就像一個人使用槓桿就可以移動更大的重量一樣。

　　「槓桿」一詞在商業中有兩種定義——經營槓桿和財務槓桿。這兩個概念法是相關的，但是不一樣。經營槓桿是固定成本與變動成本之間的比率；提高經營槓桿代表增加固定

成本,以降低變動成本。店面更大、更高效率商店的零售商,還有建造更大、更高效率工廠的製造商都在增加他們的固定成本。但他們希望降低變動成本,因為新的資產集合比舊的資產集合更有效。這些是操作槓桿的範例。相較之下,財務槓桿就只是指公司的資產基礎由債務融資的程度。

任何一種槓桿都可以使公司賺更多錢,但也會提高風險。航空業是具有高經營槓桿(因為飛機很多)和高財務槓桿的企業的一個例子,因為大多數飛機都是透過債務融資的。這種組合會產生巨大的風險,即使收入由於任何原因而下降,公司也無法輕易刪減這些固定成本。這就是 2001 年 9 月 11 日之後發生的事情。航空公司被迫關閉了幾週,這個產業在短時間內損失了數十億美元。

在本書中,我們將只關注財務槓桿,我們只看兩個比率:負債權益比和利息保障倍數。

負債權益比

負債權益比簡單明瞭:這個數字說明公司每 1 美元的股東權益所承擔的債務。公式和計算範例如下:

$$\text{負債權益比} = \frac{\text{總負債}}{\text{股東權益}} = \frac{\$2,736}{\$2,457} = 1.11$$

(請注意,這個比率通常不是以百分比表示。)這兩個數字都是來自資產負債表。

怎樣算是好的債務權益比?與大多數比率一樣,答案視

產業而定。但許多公司的債務權益比遠高於1,也就是說,這些公司的債務多於股本。由於債務利息可以從公司的應稅收入中扣除,因此許多公司使用債務來為其至少一部分業務提供資金。債務權益比特別低的公司可能成為槓桿收購的目標,在這類交易中,管理團隊或其他投資人會使用債務買進股票。

　　銀行喜歡債務權益比。銀行用這個數字來決定是否要提供公司貸款。銀行從經驗中知道,對於特定產業中特定規模的公司來說,合理的債務權益比是多少(當然,他們也會查看獲利能力、現金流和其他指標)。對於經理人來說,了解債務權益比及其與競爭對手的比較是個便捷的指標,以衡量管理團隊對承擔更多債務的看法。如果比率很高,則透過借款募集更多現金可能會很困難。因此,想要擴張就可能需要進行更多的股權投資。

利息保障倍數

　　銀行也喜歡這一項。它是衡量公司「利息曝險」的指標,也就是公司每年必須支付多少利息,相對於它賺了多少錢。公式和計算如下:

$$\text{利息保障倍數} = \frac{\text{營業利益}}{\text{全年利息支出}} = \frac{\$652}{\$191} = 3.41$$

　　換句話說,這個倍數顯示了公司支付利息的難易程度。倍數若太接近1顯然是一個不好的跡象:公司的大部分獲利

要拿來償還利息！倍數較高通常表示公司有能力承擔更多債務——或至少還得起債務。

當這些比率中的任何一個朝著錯誤的方向發展太遠時（也就是，對於負債權益比來說太高，對於利息保障倍數來說太低）會發生什麼？我們認為，管理團隊的應對措施始終是專注於償還債務，以便使這兩個比率都回到合理的範圍內。但財務藝術家往往有不同的想法。例如，有一個很棒的小發明叫做經營租賃，被廣泛用於航空業和其他行業。公司不是直接購買飛機等設備，而是向投資人租用。

租賃付款在損益表上算是一項費用，但公司帳面上沒有與該資產相關的資產和負債。一些已經過度槓桿的公司願意支付溢價租用設備，只是為了將這兩個比率保持在銀行和投資人想要看到的範圍內。如果你想全面了解公司的債務情況，就一定要計算這些比率——但要詢問財務人員，該公司是否也使用任何類似債務的工具，例如經營租賃。

第 23 章

用流動比率衡量公司償債能力

　　流動比率可以讓你知道公司履行其所有財務義務的能力——不只是債務，還包括工資、向供應商付款、稅收等。這些比率對於小企業（最有可能耗盡現金的企業）特別重要，但每當大公司遇到財務困難時，這些也會變得很重要。不是我愛批評航空公司，但是近年來幾間大型航空公司都破產了。我敢說，從那時起，專業投資人和債券持有人就一直在密切關注他們的流動比率。

　　同樣的，我們也只要看兩個最常見的比率。

▍流動比率

　　流動比率衡量公司的流動資產與流動負債的比率。請記住，在資產負債表一章（在 Part 3）中，會計術語中，「流動」（current）通常是指一年內。因此，流動資產是指可以在不到一年的時間內轉換為現金的資產；這個數字通常包括應收帳款和庫存以及現金。流動負債是指必須在不到一年的時間內還清的負債，主要是應付帳款和短期貸款。

流動比率的公式和計算範例如下：

$$流動比率 = \frac{流動資產}{流動負債} = \frac{\$2,750}{\$1,174} = 2.34$$

這是另一個可能太低和太高的比率。在大多數產業中，當流動比率接近 1 時，就是流動比率過低。這時你幾乎無法以收到的現金支付到期的債務。大多數銀行不會將資金借給流動比率接近 1 的公司。當然，小於 1 實在太低了，無論你有多少現金存在銀行裡都一樣。如果流動比率小於 1，代表在一年之內會出現現金短缺，除非你能找到一種方法能創造更多現金，或是吸引投資人提供你更多現金。

當流動比率過高，代表公司持有現金而不是投資現金或是將現金返還給股東。舉例來說，到 2012 年初，蘋果已經累積了近 1,000 億美元（是的，是千億）的現金準備。令多數投資人欣喜的是，睽違多年後，該公司在當年 3 月宣布將開始向股東發放股利。在撰寫本文時，谷歌也有大量現金存在銀行裡。兩間公司的流動比率都已經破表了。

速動比率

速動比率又稱為酸性測試，所以你可以了解它的重要性。以下是公式和計算：

$$速動比率 = \frac{流動資產-庫存}{流動負債} = \frac{\$2,750-\$1,270}{\$1,174} = 1.26$$

請注意，速動比率是將流動比率計算中的庫存刪除。刪除庫存的意義是什麼？流動資產類別中的幾乎所有其他東西，都是現金或是易於轉化成現金的資產。舉例來說，大多數應收帳款會在一、兩個月內支付，因此幾乎和現金一樣。速動比率顯示了公司在不靠出售庫存（或將庫存轉化為產品後售出）的情況下，償還短期債務的容易程度。任何庫存中擁有大量現金的企業都必須知道，放款機構和供應商會關注其速動比率，而且（在大多數情況下）會預期速動比率總是顯著高於 1。

第 24 章

效率比是影響公司現金的關鍵

效率比可幫助你評估管理資產負債表中某些關鍵資產和負債的效率。

管理資產負債表這個詞可能聽起來很特別，尤其是因為大多數經理人習慣於只關注損益表。但是你想想看：資產負債表列出了資產和負債，而這些資產和負債總是在變化。如果你可以減少存貨或加快應收帳款的收款速度，你將對公司的現金狀況產生直接和立即的影響。效率比讓你知道在這些性能指標上的表現如何。（我們將在 Part 7 中進一步說明管理資產負債表。）

庫存天數和周轉率

這些比率可能有點令人困惑。這些數字所根據的事實是，**庫存流經公司，以及庫存的流動速度**，這個速度可能快也可能慢。

此外，流速也很重要。如果你將庫存視為凍結的現金，那麼愈快將庫存賣掉並取得現金，你的公司狀況就愈好。

那麼我們就從一個名稱琅琅上口的比率開始：「庫存天數」（DII，days in inventory，或是 inventory days）。基本上這個比率衡量的是庫存在系統中保留的天數。分子是平均存貨，也就是期初存貨加上期末存貨（這兩個日期會顯示在資產負債表）除以 2。（有些公司只使用期末庫存的數字。分母是每天的銷貨成本（COGS），這是衡量每天實際使用多少存貨的指標。公式和計算範例如下：

$$庫存天數 = \frac{平均庫存}{銷貨成本／天數} = \frac{(\$1{,}270 + \$1{,}514)/2}{\$6{,}756/360} = 74.2$$

（財務人員傾向將 360 當作一年的天數，純粹是因為這是個整數。）在這個範例中，庫存在系統中保留了 74.2 天。當然，這是好是壞要視產品、產業、競爭對手等因素而定。

庫存周轉率是另一種庫存衡量標準，是衡量一年中庫存周轉次數的指標。如果每件庫存都以完全相同的速度處理，則庫存周轉率就是每年你的庫存賣完，並且必須補充庫存的次數。公式和計算範例很簡單：

$$庫存周轉率 = \frac{360}{庫存天數} = \frac{360}{74.2} = 4.85$$

在範例中，庫存周轉率每年為 4.85 次。但我們真正要

測量的是什麼？這兩個比率都是**衡量公司使用其庫存的效率指標**。庫存周轉的次數愈多，或是存貨天數愈短，你的庫存管理就愈嚴格，現金狀況就愈好。只要你手頭有足夠的庫存來滿足買方的需求，你的效率就愈高、愈好。在截至 2011 年 9 月的四季中，塔吉特商店（Target）的庫存周轉率是 4.9 次，以一間大型零售商來說，這是一個相當不錯的數字。

但是沃爾瑪的周轉數是 7.6 次，比塔吉特好得多。在零售業務中，庫存周轉率的差異可能代表成功與失敗的差異；塔吉特和沃爾瑪都很成功，不過沃爾瑪肯定優於塔吉特。如果你的職責和庫存管理稍微有一點關係，則需要仔細追蹤這個比率。（即使你的職責和庫存完全無關，你還是可以提出這個問題：「嘿，莎莉，我們的庫存天數最近怎麼會變多？」）這兩個比率是財務智商高的經理人可以用來建立更高效組織的關鍵槓桿。

應收帳款周轉天數

應收帳款周轉天數（Days sales outstanding，DSO）也稱為平均收款期和應收帳款天數。這是**衡量從銷售中收取現金所需的平均時間的指標**，換句話說，**客戶支付帳單的速度**。

這個比率的分子通常是你正在查看的資產負債表的期末應收帳款。（為什麼是「通常」？在某些情況下，應收帳款可能會在期末達到高點，因此會計師可能會使用平均應收帳款為分子。）分母是每天的營收──只是年營收數字除以 360。公式和範例計算如下所示：

$$應收帳款周轉天數 = \frac{期末應收帳款}{營收/日數} = \frac{\$1,312}{(\$8,689/360)} = 54.4$$

換句話說,這間公司的客戶平均需要大約 54 天才能支付款項。

當然,就是在這裡,有一條快速改善公司現金狀況的途徑。為什麼需要這麼長的時間?客戶是否因為產品缺陷或服務不佳而不滿意?業務員在談判條款方面是否過於寬鬆?應收帳款人員是否士氣低落或效率低下?每個人都在使用過時的財務管理軟體嗎?應收帳戶周轉天數確實通常會因為產業、地區、經濟和季節性而有很大差異,儘管如此,如果這家公司能夠將比率降低到 45 天或甚至是 40 天,將能大大改善其現金狀況。這是一個重大現象的典型例子;也就是說,即使營收或成本沒有變化,謹慎的管理也可以改善企業的財務狀況。

對於為潛在收購進行盡職調查的人來說,應收帳款周轉天數也是關鍵比率。**應收帳款周轉天數高可能是一個危險訊號,因為這顯示客戶沒有及時支付款項。**也許客戶自己也陷入了財務困境。可能是目標公司的經營和財務管理不住。也許這間公司有不當會計作假帳情況。我們將在 Part 7 回到應收帳款周轉天數,討論營運資金的管理;目前只要知道,根據定義,這是一個加權平均值。因此,盡職調查人員查看應收帳款的帳齡非常重要,也就是特定發票的期間以及有多少

這樣的發票。可能是幾張金額異常大且異常延遲的發票,拉高了應收帳款周轉天數。

應付帳款周轉天數

應付帳款周轉天數(days payable outstanding,DPO)比率顯示的是公司支付自己的未結發票所需的平均天數。這有點像應付帳款天數的另一面。這個公式也很類似:將期末應付帳款除以每天的銷貨成本:

$$應付帳款周轉天數 = \frac{期末應付帳款}{銷貨成本／日數} = \frac{\$1,022}{\$6,756/360} = 54.5$$

換句話說,這間公司的供應商要等很長時間才能收到付款——大約是該公司收回應收帳款的時間。

那又怎樣?這難道不是供應商需要擔心的問題,而不是這家公司的經理嗎?答案:是,也不是。應付未付天數愈高,公司的現金狀況就愈好,但其供應商可能就愈不滿意。一間公司的名聲若是拖很久才付款,可能會發現優質的供應商不會像其他供應商那樣積極地競爭他們的業務。價格可能會高一點,條款可能會更嚴格一點。一間以及時 30 天付款而聞名的公司,則會發現上述情況正好相反。**關注應付帳款周轉天數,是確保公司在保留現金和讓供應商滿意之間保持平衡的一種方式。**

不動產、廠房和設備周轉率

這個比率告訴你，在不動產、廠房和設備（PPE）上投資的每 1 元，你的公司可以獲得多少的銷售額。它是衡量你從建築物、車輛和機器等固定資產中產生收入的效率的指標。計算方法是總營收（來自損益表）除以期末不動產、廠房和設備（來自資產負債表）：

$$\text{不動產、廠房和設備周轉率} = \frac{\text{營收}}{\text{不動產、廠房和設備}}$$

$$= \frac{\$8,689}{\$2,230} = 3.90$$

每 1 元的不動產、廠房和設備（PPE）就有 3.90 元的營收，就其本身而言並沒有多大的意義。但與過去的表現和競爭對手的表現相比，這可能就很有意義。**在其他條件相同的情況下，不動產、廠房和設備周轉率較低的公司，並不像周轉率較高的公司那樣有效地使用其資產。**所以，請查看趨勢線和產業平均值，以了解你公司的表現如何。

但是請注意那個鬼鬼祟祟的限定詞，「其他條件相同的情況下」。事實是，這個財務的藝術可以對數字的比率產生很大的影響。例如，如果一間公司的大部分設備是租用的而不是公司擁有的，那麼租賃的資產可能不會顯示在其資產負債表上。其明顯的資產基礎將低得多，不動產、廠房和設備周轉率就會高得多。一些公司支付的獎金與這個比率關聯，這讓經理人有動力租賃設備而不是採購設備。租賃對任何單一企業來說可能具有策略意義，也可能沒有策略意義。根據

獎金支付做出決定並沒有意義。此外，租賃必須滿足特定要求才能成為經營租賃（可能不會顯示在資產負債表上），而不是資本租賃（會顯示）。在簽訂任何形式的租約之前，請諮詢你的財務部門。

總資產周轉率

這個概念與之前的比率相同，但是這將收入與總資產進行比較，而不只是固定資產。（請記住，總資產包括現金、應收帳款和存貨，還有不動產、廠房和設備以及其他長期資產。）公式和計算：

$$總資產周轉率 = \frac{營收}{總資產} = \frac{\$8,689}{\$5,193} = 1.67$$

總資產周轉率不只是衡量固定資產的使用效率，還衡量所有資產的使用效率。如果你可以減少存貨，總資產周轉率就會上升；如果你可以減少平均應收帳款，總資產周轉率也會上升。

如果你可以在保持資產不變（或以較慢的速度成長）的情況下增加營收，則總資產周轉率就會上升。這些管理資產負債表的做法都可以提高效率。觀察總資產周轉率的趨勢，可以了解你的情況。

當然，還有更多的比率。各種財務專業人士都會使用很多比率。投資分析師也是如此，我們將在第 25 章中看到。你自己的組織可能具有適合公司以及／或是產業的特定比率。你需要學習如何計算、如何使用以及如何影響這些比率。但我們在這裡概述的那些是大多數經理人最常使用的。

第25章

投資人最關注的五種比率數字

正如我們之前提到的，我們寫這本書是為了在企業組織中工作的人，而不是為了投資人。但**投資人的觀點總是能提供管理決策參考，因為每間公司都必須盡全力讓股東和債券投資人滿意。**即使是非上市公司的業主和員工，也可以藉由了解這個觀點而受益，因為這提供了一些反映公司財務狀況的良好指標。因此，本章要討論的是一個問題：典型的投資人或債券持有者最關心哪些比率和其他指標？

在我們看來，華爾街和其他外部投資人在評估公司的財務績效或其投資吸引力時，實際上是在關注五個關鍵指標。你可以將這些指標視為五大指標。當這五個指標都朝著正確的方向前進時，可以肯定投資人一定會看好該公司的前景。

這五大指標是：

- 營收逐年成長
- 每股盈餘（EPS）
- 息前稅前折舊攤銷前盈餘（EBITDA）
- 自由現金流（FCF）

- 總資本報酬率（ROTC）或股東權益報酬率（ROE）。ROE 是銀行和保險公司等金融企業的正確指標。

我們來大致看一下每一項。

營收較前一年同期成長

並非每一間公司都會發展壯大。大多數小企業達到一定規模後就不再成長了，因為成長的機會有限。一些非上市公司有良好的成長前景，但是業主決定維持相對較小的業務。（鮑‧柏林罕〔Bo Burlingham〕優異的著作《小，是我故意的》（*Small Giants*）就介紹過許多這類公司的故事。[1] 但是，當一間企業「上市」時——將股票出售給外部投資人——它就沒有選擇而必須追求成長。除非投資人預期投資的價值會在一段時間後成長，否則就不會買進股票。他們希望看到不斷成長的股利、股價上漲，或兩者皆有。要實現其中任何一個，公司就必須擴展其業務。

成長幅度要多少才是合理的？這要視公司、產業和總體經濟的狀況而定。一些高科技公司會經歷爆炸式成長的時期——谷歌就是一個例子。大多數以成長為導向的公司，擴張的速度就慢得多；草創期過後，每年 10% 的成長率算是非常不錯。（根據貝恩策略顧問公司〔Bain & Company〕的研究，全球只有大約 10% 的公司能夠在十年內保持至少 5.5% 的營收和盈餘的年增率，同時也在賺取他們的資本成本〔cost of capital〕。[2] 一些人企業將其目標與其經營所在國家的國

內生產毛額（GDP）設定為成長目標。例如，奇異電器通常計畫以 GDP 成長率的兩到三倍的速度擴展其業務。如果 GDP 成長 1%，而奇異增長 2% 或 3%，那麼公司就可以宣布勝利。

每股盈餘

每股盈餘通常是企業在季度法說會上向投資人報告的第一個數字。這就是公司當季度或年度淨營收，除以這段期間在外流通股的平均數字。

投資人預期每股盈餘會在一段時間過後成長，就像營收一樣。在其他條件相同的情況下，不斷成長的每股盈餘預示著股價上漲。在經濟放緩的時候，營收可能會下降，但大多數企業都努力透過降低成本來保持每股盈餘。股東可以接受經濟低迷期間的營收下滑，但是不希望看到每股盈餘下降。

息前稅前折舊攤銷前盈餘（EBITDA）

我們在本書中已經多次提到 EBITDA。這是一個重要的衡量標準，因為投資人和銀行將其視為未來經營現金流的良好指標。放款機構喜歡這個數字，因為這可以幫助他們評估公司償還貸款的能力。股東喜歡這個數字，因為這是衡量會計師在扣除非現金費用（如折舊）之前的現金收入的指標。正如我們之前提到的，EBITDA 可以透過會計技巧來操縱，但是並不像淨利那麼容易操縱。一間強大、健全的公司應該

會在一段時間過後實現 EBITDA 的成長。

此外，EBITDA 通常用於對企業進行估值。許多公司的收購都是以雙方商定的 EBITDA 倍數的價格進行的。

自由現金流

我們在 Part 4 的知識補給站中討論過自由現金流。它是任何投資人衡量工具的關鍵部分。如果一間公司的自由現金流健全且不斷增加，投資人可以非常確定公司的表現良好，並且其股價會逐漸上漲。此外，即使難以獲得投資或債務資本，擁有健全自由現金流的公司也能自行提供成長的資金。

這兩個指標還有另一個問題：許多投資人會關注的是自由現金流除以 EBITDA。當這個比率較低時，可能顯示一間公司正試圖透過會計噱頭使其 EBITDA 看起來強勁，而現金流則相對較弱。有些人將這個比率稱為現金循環周期（cash conversion metric）。有時使用的另一個公式是營運現金流除以 EBIT（息前稅前盈餘，而不是 EBITDA）。無論是哪一種，這個指標都顯示公司將利潤轉化為現金的能力。

總資本報酬率或股東權益報酬率

第 21 章中討論的總資本報酬率，讓投資人知道一間公司是否產生夠高的報酬，以證明他們的投資正確。股東權益報酬率最常用於評估金融業務。舉例來說，一間銀行透過存款的形式向存戶借款，然後將這些存款借出去賺取利息。總

資本報酬率並不是衡量銀行績效的良好指標,因為銀行對存款戶的債務是其業務的一部分,而不是銀行資本的一部分。股東權益報酬率才是衡量銀行績效較好的指標。

市值、本益比和股東價值

除了五大指數,投資人還會研究許多其他比率和指標。其中最常見的三個是市值、本益比(P/E)和通常所說的股東價值。

一間公司的市值只是公司的當前股價乘以已發行股票的數量。這代表公司在任何一天的總價值。如果一間公司有 1,000 萬在外流通股,星期二的股價為 20 美元,那麼當天的市值就是 2 億美元。許多大公司的市值遠高於 1,000 億美元,2011 年底時,蘋果的市值約為 3,750 億美元,IBM 接近 2,200 億美元(譯注:以 2024 年 12 月最後一個交易日的收盤價計算,蘋果市值已達 3.79 兆美元。IBM 則為 2033 億美元)。

雖然市值顯示了一間公司對投資人的價值,但公司的帳面價值只是資產負債表上顯示的企業權益價值。大多數公司的市值明顯高於其帳面價值。一些投資人(例如巴菲特)喜歡關注「市價淨值比」(market to book,每股股價除以每股淨值)。巴菲特經常試圖尋找市價接近甚至低於其帳面價值的公司。

本益比(P/E)是目前股價除以前一年的每股盈餘。從歷史上來看,大多數企業在公開市場上交易的本益比約為 16～18。比率較高的公司被認為具有較高的成長潛力;比

率較低的公司被視為成長緩慢的企業。投資人經常試圖尋找本益比低於投資人認為合適的公司。2011 年底時，蘋果和 IBM 的本益比均約為 14.6（譯注：2024 年 Q4，蘋果本益比約為 39.37。IBM 本益比則為 33.75）。

從某種意義上來說，這些指標全都是公司股東價值的指標。但「股東價值」一詞出現在許多不同的情境中，而且有多種含義。有時這只代表市值；有時指的是公司的預期未來現金流（畢竟這是投資人在買進股票時買進的現金流）；有時這指的是投資人希望一段時間過後會實現的股利、股價或兩者的增加。執行長可能會在他的年度致股東信中寫道：「我們的目標是增加股東價值。」執行長使用什麼定義幾乎不重要，因為其中任何一個的增加都會對投資人有利。

提高股東價值對為公司工作的每個人都很重要，不只是對股東而已。與過去或競爭對手相比，更高的股東價值顯示相對的財務實力。貸款機構喜歡放款給實力雄厚的公司；投資人喜歡投資這種公司。實力強的公司比弱的公司更有可能在經濟困難時期生存下來，並在經濟繁榮時期更成功。實力強的公司更有可能為員工提供工作保障和升遷的機會，更不用說穩定的薪水和全年加薪了。客戶也喜歡實力雄厚的公司，實力雄厚的公司比實力弱的公司具有更大的定價彈性，而且在不久的未來之內，表現也會更突出。

決定股東價值的是什麼？不只是目前的財務業績。舉例來說，一間備受推崇的生物科技公司即使沒有營收，也可能擁有很高的市值，只因為投資人期望它在未來透過向市場推出的產品創造大量價值。相反的，比起一間目前獲利較低但

未來更有希望的公司,一間獲利穩健但成長前景不佳的公司,價值可能會低得多。

一般來說,股東價值要視市場認知而定,而市場認知又由以下因素驅動:

- 公司目前的財務績效
- 公司未來的成長前景
- 公司未來的預期現金流
- 其性能的可預測性,也就是所涉及的風險程度
- 投資人對公司經營者的專業知識和員工技能的評估

⋯⋯當然還有很多其他因素,例如經濟的整體狀況、股市的整體狀況、投機熱絡的程度等等。在任何特定的時間點,投資人都會對公司的「真實」價值產生分歧,這就是為什麼有些人願意以特定價格買進或賣出股票的原因。

精明的投資人總是關注我們在本書中描述的各種會計指標:營收、營收的成本、營業利益率等。他們查看公司的實體資產、庫存、應收帳款、管理費用水準和許多其他指標。但他們也了解,投資是一場既屬於經濟學,也涉及心理學的遊戲。正如經濟學家凱因斯(John Maynard Keynes)曾經指出的,買進股票就像試圖預測誰會贏得選美比賽一樣。你不應選擇你認為最美麗的人,而要選你認為其他人都公認最美麗的人。股票也是如此:**價格上漲不只是因為公司取得優異業績,而且還要讓許多投資人相信未來會帶來更好的業績。**

我們希望你能夠從經營者和投資人的角度看到比率的重要性。雖然了解財務報表很重要,但這只是財務智商之旅的一個開始。比率能帶你更上一層樓,為你提供一種方法,幫助你閱讀隱藏在字裡行間的資訊,以利於真正了解發生了什麼。無論是用來評估你的公司或其他公司,還是用來解讀其財務故事,比例分析都是實用的工具。

Part 5　知識補給站

哪些比率對你的業務最重要？

在某些產業中，某些比率通常被視為關鍵。舉例來說，零售商會密切關注庫存周轉率。他們周轉庫存的速度愈快，就愈能更有效地利用其他資產，例如店面本身。但個別公司通常喜歡根據自己的情況和競爭情況，建立自己的關鍵比率。

舉例來說，老喬的公司設定點是一間以專案為主的小型企業，必須密切關注營運費用和現金。那麼設定點的經營者最密切關注哪些比率呢？一種是自己產生的：毛利除以營運費用。密切關注這個比率可確保營運費用能與公司產生的毛利金額一致。另一個是流動比率，將流動資產與流動負債進行比較。流動比率通常是觀察公司是否有足夠的現金來履行其義務的指標。

你可能已經知道自己公司的關鍵比率。如果不知道，試著詢問執行長或員工中的某個人。我們敢打賭，他們會覺得這個答案很簡單。

營收百分比的力量

你經常會在公司的損益表中看到一種比率：每個項目不只是以金額表示，而且以營收的百分比表示。舉例來說，銷

貨成本可能占銷售額的 68%，營運費用占 20%，依此類推。長期追蹤營收百分比數字可以建立趨勢線。公司可以詳細地進行這種分析，舉例來說，追蹤每個產品線占營收的百分比，或是零售連鎖店中每個商店或地區占營收的百分比。這麼做的好處在於，計算營收百分比能為經理人提供的資訊，比單獨的原始數字還要多出許多。營收百分比讓經理人追蹤與營收相關的支出，否則，光是觀察營收的增加和減少，經理人很難確認他的情況是否正常。

如果你的公司沒有細分營收百分比，請嘗試以下練習：找到最新的三份損益表，並計算每個主要項目的營收百分比。然後追蹤一段時間的結果。如果你看到某些項目的金額悄悄上升，而另一些項目則悄悄下降，問問自己為什麼會這樣——如果你不知道，試著找到知道的人並問對方。這個練習可以教你很多關於公司所承受的競爭（或其他）壓力的知識。

用比率找出影響績效的關鍵

與財務報表本身一樣，比率在數學上是一致的。我們不會在這裡詳細介紹，因為本書不是針對財務專業人士所寫。但是比率之間的一種關係是值得闡明的，因為它如此清楚地顯示我們一直在呈現的事實：經理人可以透過多種方式影響企業的績效。

首先，企業的主要獲利目標之一是資產報酬率（ROA）。這是一個關鍵指標，因為投資資本是企業的燃料，如果一間

公司不能提供令人滿意的資產報酬率，資金流就會枯竭。從這部分我們知道，資產報酬率等於淨收入除以總資產。

但另一種表示資產報酬率的方式是透過兩個不同的因素，這兩個因素相乘，等於淨收入除以總資產。算式如下：

$$\frac{淨利}{營收} \times \frac{營收}{資產} = \frac{淨利}{資產} = 資產報酬率$$

第一個算式，淨利除以營收，當然就是淨利率百分比，或營收報酬率（ROS）。第二個算式，營收除以資產，是資產周轉率，這已在第 24 章中討論。所以，淨利率乘以資產周轉率，就等於資產報酬率。

這個方程式明確顯示，達到目標前有兩個行動，而「目標」就是更高的資產報酬率。一個是透過提高價格，更有效地交付商品或服務來提高淨利率。如果你經營的市場競爭激烈，這可能會很困難。第二個是提高資產周轉率。這開啟了另一組可能的行動：減少平均庫存、減少銷售周轉天數，以及減少不動產、廠房和設備的購買。如果你無法提高淨利率，那麼實現這些目標（也就是管理資產負債表）可能是你擊敗競爭對手並提高資產報酬率的最佳方式。

留意計算方式的細節

讀了這一 Part 的章節後，你可能會認為我們提供的公式是「唯一的」公式。舉例來說，資產報酬率就只是淨利除以資產，對吧？不一定。我們提出的是標準公式，但即使有了

這些公式，公司也可能會決定以特定的方式計算某些數字。會計師使用的計算方式必須每年保持一致，上市公司必須揭露是如何計算比率的。但是，當你將一間公司的比率與另一間公司的比率進行比較時，就需要詢問他們是否以相同的方式計算每個比率。

最常見的差異出現在資產負債表的資料上。我們要再使用相同的例子，資產報酬率。分母，也就是總資產，來自資產負債表。當然，資產負債表通常顯示兩個時間點，例如2011年12月31日和2012年12月31日。對於標準公式，你使用最近時間點（2012年12月31日）的總資產數字。（這又稱為期末資產，因為這是資料的最後一個時間點。）

但是一些公司不認為一個時間點是衡量總資產的好方法。因此，公司可能會使用「平均」總資產，將2011年和2012年的數字相加，然後除以2。或是公司可能會使用三、四季，甚至五季的資料來計算「滾動平均值」。當新的一季結束時，公司會將計算得出的最新數字取代最早的數字。

這重要嗎？有一點。滾動平均線往往會使結果變得平滑，而結束通常顯示更多的起伏。然後，大多數財務分析師也會同意，某種平均法對於資產報酬率等計算更有意義。正如我們在第21章中提到的，每當你將損益表數字（如淨利）與資產負債表數字（如總資產）進行比較時，就會出現蘋果和橘子的情況。損益表衡量一段時間內的獲利或收入。資產負債表列出了某個時間點的資產。因此，使用整個時期總資產的滾動平均值似乎比使用單一時間點的資產更合理。

不過，一般來說，確切的方法可能並不重要。請記住，比率用於查看一段時間的趨勢，只要公司的方法一致，就可以從比較中學到很多東西。

Part
6

剖析投資報酬率

第26章

分析資本支出的三個關鍵數字

財務智商的功用是了解企業的財務方面如何運作,以及如何做出財務決策。本章討論的原則是美國企業做出決策(與資本投資有關的決策)的基礎。

大多數人幾乎不需要解說就知道「貨幣的時間價值」這個財務的基本原則,原因是我們的個人財務每天都在利用它。我們申請房貸和汽車貸款,我們的刷卡金額會增加,同時,我們也將自己的儲蓄投入計息支票或存款帳戶、貨幣市場基金、國庫券、股票和 I 債券（I bonds）,可能還有六種其他類型的投資。尤其是美國是一個借款國——事實上,美國政府借的錢太多,導致美國公債在 2011 年被降評等——但美國也是一個存款戶、放款機構和投資人國家。

這些活動全都反映了金錢的時間價值,因此可以肯定的是,大多數人對於金錢的時間價值這個概念的理解都很自覺。而不了解金錢的時間價值的人,最終很可能會虧損,甚至付出高昂的代價。（譯注：I 債券是美國政府發行的 I 系列儲蓄債券,可保護投資人不受通貨膨脹的影響。購買 I 債券的投資人,可以同時獲得固定利率和隨通貨膨脹變化的利率。）

貨幣的時間價值原理簡單來說是這樣的：今天你手中的1美元比你預期明天收到的1美元更有價值——而且它的價值遠超過你預期十年後得到的1美元。

原因很明顯，你知道你今天有1美元，而你期望明天會得到的1美元則有點不穩定（更不用說十年後了）。這當中涉及了風險問題。更重要的是，你今天可以用你擁有的1塊錢購買東西。但是如果你想花掉你預期明天會擁有的那1塊錢，就必須等到你真的收到那1塊錢才行。考慮到貨幣的時間價值，任何借錢給別人的人都希望收到利息，而任何貸款的人都知道要支付利息。期限愈長，風險就愈高，利息費用可能就會愈高。

當然，這裡的原則是相同的，不過使用的術語不是利息，而且對報酬沒有固定的期望。假設你買進一間高科技新創公司的股票，你不會獲得任何利息，也可能永遠不會收到股利——但你希望可以用高於你支付的價格出售股票。其實你等於是將資金借給公司，期望獲得投資報酬。當報酬實現時，你可以用百分比來計算這筆報酬，就像計算利息一樣。

這是企業資金投資決策的基本原則，我們將在這Part討論。該企業必須花費現在擁有的現金，以期在未來的某個日期實現報酬。如果你負責準備採購新機器或開設新分支機構的財務計畫書（我們將在以下幾頁中向你展示如何完成這些任務），你將使用與貨幣時間價值有關的計算。

雖然貨幣的時間價值是基本原則，但你在**分析資本支出時使用的三個關鍵概念是未來價值、現值和要求的報酬率**。一開始你可能會覺得這些很令人困惑，但是其實都不太複

雜。這些只是計算貨幣時間價值的方法。如果你能夠理解並在決策中使用這些概念，你會發現自己對財務問題的思考更有創意——也許應該更有藝術性——就像專業人士所做的。

未來價值

未來價值是指一筆固定金額的錢，經過投資或借貸後，在未來的價值。在個人理財中，這是經常使用在退休計畫的概念。也許你在35歲時銀行裡有5萬美元，你想知道這5萬美元到了你65歲時值多少錢，這就是5萬美元的未來價值。在商業領域，如果獲利每年成長某個特定的百分比，投資分析師可能會預測公司股票在兩年內的價值。這種未來價值計算可以幫助分析師向客戶建議，這間公司是否是一項好的投資。

弄清楚未來價值為金融藝術家提供了廣闊的畫布。以剛才那個退休計畫為例。你認為未來30年的平均報酬率為3%，還是6%？兩者的差別非常巨大：以3%來說，你的5萬美元將成長到略高於12萬1,000美元（不管在此期間通貨膨脹會對1美元的價值造成什麼影響）；如果是6%，就會增加到28萬7,000美元以上，不過，對通貨膨脹的影響也是一樣。很難判斷正確的利率是什麼：我們要怎麼知道未來30年的利率會是多少？在最好的情況下，計算如此遙遠的未來價值是一種有根據的猜測——這是一種藝術練習。

投資分析師的情況稍微好一點，因為分析師只要預測兩年。儘管如此，他們仍有更多的變數需要應對。例如，他們

為什麼認為營收可能會以 3% 或 5% 或 7% 或其他完全不同的速度成長？如果營收真的以這樣的速度成長會怎樣？舉例來說，如果獲利只成長 3%，投資人可能會失去興趣並出售手中的持股，股票的本益比就可能會下降。如果獲利成長 7%，投資人可能會因為期望上升而買進更多股票，並因此推高本益比。當然，市場本身也會對股價產生影響，沒有人能夠準確地預測市場的整體方向。所以這又說回到了有根據的猜測。

事實上，每一次對未來價值的計算都涉及一系列的假設，這些假設都是關於從現在到你預期的時間之間會發生什麼事。如果改變假設，就會得到不同的未來值。報酬率的差異是財務風險的一種形式。投資展望的時間愈長，需要的估計就愈多，因此風險就愈高。

現值

這是分析資本支出時最常用的概念。這與未來價值相反。假設你認為，某項特定投資將在未來三年內每年產生 10 萬美元的現金流。如果你想知道這項投資是否值得花錢，你需要知道這 30 萬美元現在值多少錢。正如你使用特定利率來計算未來價值一樣，你也會使用利率來「折算」，將未來的價值恢復到現值。舉個簡單的例子來說，一年後的 10 萬 6,000 美元，利息為 6%，折算成現值就是 10 萬美元。這就又回到了今天的 1 美元比明天的 1 美元更有價值的觀念。在這個例子中，12 個月後的 10 萬 6,000 美元，在今天的價

值是 10 萬美元。

現值概念廣泛用於評估設備、房地產、商業機會，甚至是併購的投資。但你也可以在這裡清楚地看到財務的藝術。要計算現值，你必須假設投資未來將產生的現金，以及假設應該使用什麼樣的利率來折算未來價值。

要求的報酬率

在考慮計算現值要使用什麼利率時，要記住一點：你是在逆向計算。你假設你的投資將在未來獲得一定金額的報酬，而你想知道現在應該投資多少錢才能在未來獲得這個金額。因此，你對利率或折現率的決定，本質上是關於你需要什麼利率才能進行投資的決定。假設現在有兩個投資機會：同樣投資 10 萬美元，其中一個在一年後獲得 102,000 美元（2% 利率），另一個則會獲得 12 萬美元（20% 利率），你可能不會選擇 2% 利率，而會選擇 20% 利率的機會。不同公司對於投資的門檻（hurdle，又譯為「最低資本報酬」）標準不同，通常對於風險較高的項目，設定的最低資本報酬會比風險較低的項目更高。企業在決定是否投資前，會設定一個最低可接受的報酬率，這被稱為「必要報酬率」（required rate of return），或「最低資本報酬率」（hurdle rate）。

要確定最低資本報酬率時總是要做一些判斷，但判斷並不完全是武斷的。一個因素是所涉及的機會成本。一間公司只有這麼多現金，必須判斷如何善用資金。2% 的報酬沒有吸引力，因為公司只要買國庫券的獲利就會更多。國庫券通

常會支付 3% 或 4% 的利率，且幾乎沒有風險。20% 的報酬率可能很有吸引力——大多數投資很難賺到 20% ——但這顯然要視投資的風險有多大而定。

第二個因素是公司自身的資金成本。如果公司借錢，就必須支付利息。如果公司使用股東的錢，股東會期望獲得報酬。擬議的投資必須為公司增加足夠的價值，才能償還給債務持有人，並使股東滿意。報酬率低於公司資金成本的投資將無法滿足這兩個目標，因此要求的報酬率應始終高於資金成本。（有關資金成本的詳細討論，請參閱本部分最後的知識補給站。

雖然如此，但是關於最低資本報酬率的決定很少是遵循公式的。公司的財務長或財務主管將評估特定投資的風險程度、可能的融資方式，以及公司的整體情況。他知道股東希望公司為未來進行投資。他也知道，股東希望這些投資產生的報酬，至少與他們在類似風險水準下在其他地方所能獲得的報酬相當。他知道——或者至少你希望他知道——公司手頭有多拮据，執行長和董事會願意承受多少風險，以及公司經營的市場發生了什麼事。

然後，他做出判斷（假設）什麼樣的最低資本報酬是合理的。高成長公司通常使用較高的最低資本報酬率，因為他們必須將資金投資於他們認為會產生所需成長水準的地方。較穩定、低成長的公司的最低資本報酬率通常較低。如果你還不知道的話，可以去找財務部門的人，他們應該能告訴你，公司對於你可能參與的專案類型，設定的最低資本報酬率是多少。

機會成本

在日常用語中,這句話表示你為了做某件事而必須放棄的其他東西。如果你把所有的錢都花在一個奢華的假期上,機會成本就是你沒有錢買車。在商業中,機會成本通常代表因為不遵循財務上最佳的行動方案而放棄的潛在收益。

以下是關於這些概念所涉及的計算,我們要提醒你的事。在第 27 章中,我們將介紹一、兩個公式。但是你不需要自己手動解決所有問題;你可以使用財務計算機、尋找乘法表,或是上網找就可以。例如,在谷歌中輸入「future value calculator」(未來價值計算機),將會搜尋到幾個網站,你可以在其中計算簡單的未來價值。

可以肯定的是,現實世界中的計算並非總是那麼容易。也許你認為,你正在考慮的某一筆投資將在第一年創造 10 萬美元的現金,隨後的每一年都會增加 3%。在這些條件下,你還必須計算成長情況,假設適當的貼現率是否應該每年變化,依此類推。

非財務部門的經理通常不必煩惱這些更複雜的計算;財務人員會為你做這些事情。他們通常會有一個嵌入了適當公式的試算表或範本,只需輸入數字即可。但你還是必須了解他們在這個過程中使用的概念和假設。如果你只是輸入數字而不理解背後的邏輯,就無法理解為什麼結果會變成這樣,

也不會知道如何透過不同的假設，使結果不一樣。

接著我們就要把概念化為行動。

第 27 章

投資報酬率的三種計算方式

資本支出。資本支出（Capital expenditures，Cap-ex）、資本投資（Capital investments）、資本預算（Capital budgeting）。當然，還有投資報酬率（return on investment，ROI）。許多公司對這些詞的定義很鬆散，甚至會互換使用這些詞，但這些通常指的都是同一件事，也就是決定進行哪些資本投資以提高公司價值的過程。

分析資本支出

資本支出是需要大量現金投資的大型專案。每個組織對資本支出的定義都不同，有些組織的最低金額是 1,000 美元，有些則是 5,000 美元或更高。資本支出用於預期有助於產生一年以上收入的項目和專案。資本支山的類別很廣泛，包括設備採購、業務擴展、收購和新產品的開發。新的行銷活動可以被視為資本支出；建築物的重新裝潢、電腦系統的升級和採購新的公司汽車也是如此。

公司對待這類支出的方式與庫存、用品、水電費等的普

通採購是不同的，原因至少有三個。一是支出涉及大量（有時是不確定金額的）現金；第二個是這些通常被期望能提供幾年的報酬，因此貨幣的時間價值開始發揮作用；第三個是這些總是會帶來一定程度的風險。公司可能不知道支出是否「有效」，也就是會不會帶來預期的結果。即使專案整體而言按計畫進行，公司也無法確切知道這項投資到底有助於創造多少現金。

我們將大致說明分析資本支出的基本步驟，然後描述財務人員通常用於計算特定支出是否值得進行的三種方法。但請記住：這同樣是一種財務的藝術。這其實相當令人驚嘆——財務專業人士可以（而且經常）基於各種假設和估算來分析專案提議，並提出建議，而最終結果往往相當成功。他們甚至樂於接受這樣的挑戰，量化這些未知因素，從而讓公司變得更加成功。

只要有一點財務智商，你就可以為這個過程貢獻自己的專業知識。我們知道有一間公司的財務長會要求工程師和技術人員參與資本預算過程，就是因為他們可能更了解對鋼鐵製造廠的投資會產生的效益。這位財務長喜歡說，他寧願教這些人一點財務知識，也不願自己學習冶金學。

分析方法如下：

- **分析資本支出的第一步是確定初始現金支出**。就連這一步也要做估計和假設：在機器或專案開始產生收入之前，你必須判斷機器或專案可能的成本。費用可能包括採購設備、安裝、讓員工有時間學習使用等等。

大部分的費用通常是在第一年產生的，但有些可能會溢出到第二年甚至第三年。這些計算全都應該根據花掉的現金，而不是根據獲利減少來做計算。

- 第二步是預測投資的未來現金流。（同樣的，你要知道的是現金流入，而不是獲利。我們將在本章稍後對這兩者之間的區別進行更多討論。）這是一個棘手的步驟──絕對是財務藝術的一個例子──不只是因為預測未來非常困難，也因為需要考慮許多因素。（請參閱本 Part 最後的知識補給站。）經理人在預測投資的未來現金流時需要保守，甚至謹慎看待。如果投資報酬率高於預期，每個人都會很高興。如果報酬率明顯下降，就沒有人會高興，而且公司花的錢可能就浪費掉了。

- 最後，第三步是評估未來的現金流─計算投資報酬率。投資報酬是否夠大而值得投資？我們可以根據什麼資訊來做出這個決定？財務專業人士通常使用三種不同的方法（單獨或組合）來確定某筆支出是否值得：報酬法、淨現值法（net present value，NPV）和內部報酬率法（internal rate of return，IRR）。三者都提供不同的資訊，而且都有其獨特的優點和缺點。

你馬上就可以看到，良好的資本預算中的大部分工作和所需的知識都涉及成本和報酬的估計。你必須收集和分析大

量的資料，這件事本身就是一項艱鉅的工作。然後，必須將資料轉化為對未來的預測。精通財務的經理人會了解這兩者都是困難的過程，並且會提出問題和對假設提出質疑。

學習三種方法

我們要舉一個非常簡單的例子，以幫助你了解這些步驟的實際效果並了解其運作原理。你的公司正在考慮採購一部價值 3,000 美元的設備——一部特殊的專用電腦，將幫助你的其中一位員工在更短的時間內提供客戶服務。這部電腦預計可以使用三年。在這三年中，每一年的年底，這部設備預計可產生 1,300 美元的現金流。公司要求的報酬率（最低資本報酬率）為 8%。你該不該買這部電腦？

還本期間法（Payback Method）

還本期間法可能是評估資本的支出未來現金流量最簡單的方法。這個方法衡量的是專案現金流回收原始投資所需的時間，也就是說，這能告訴你需要多少時間才能還本。投資回收期顯然必須短於專案的生命周期，否則根本沒有理由進行投資。在我們的範例中，你只需要將初始投資 3,000 美元除以每年的現金流量，就可以計算出投資回收期：

$$\frac{\$3,000}{\$1,300 / 年} = 2.31 \text{ 年}$$

因為我們知道這部電腦可使用三年，因此投資回收期滿

足第一個測試：它比專案的壽命短。我們尚未計算出這個專案在整個生命周期內將賺回多少現金。

這樣你就可以看到還本期間法的優點和缺點。從好的方面來說，計算和解釋很簡單。它提供了一個快速簡便的現實狀況檢查。如果你正在考慮的專案，其投資還本期間明顯長於專案的生命周期，你可能不需要再看下去了。如果投資還本期間比較短，你也許就可以做更多的研究。這是會議中經常使用的方法，用於快速確定專案是否值得深究。

還本期間法的缺點是，它無法給你太多資訊。畢竟，公司不只是希望投資損益平衡，還要產生報酬。這個方法並不考慮超出損益平衡的現金流，也不會提供整體報酬。這個方法也不考慮貨幣的時間價值，將今天的現金支出與明天的預計現金流量做比較，但這其實是把哈密瓜拿來和高麗菜來做比較，因為今天的美元與未來的美元具有不同的價值。

因此還本期間法應該只用於比較專案（這樣才知道哪個專案能更快賺回初始投資的資金）或是拒絕專案（那些永遠賺不回初始投資的專案）。但是要記住，計算中使用的兩個數字都是估計值。這個方法的藝術就是計算出一個數字——既然是未知的東西，你能量化得多精準？

還本期間法是一個粗略的經驗法則，而不是穩健的財務分析。如果報酬看起來很不錯，請繼續使用下一種方法，看看投資是否真的值得。

淨現值法

淨現值法比還本期間法更複雜，但也更強大。這通常是

財務專業人員分析資本支出的首選。為什麼？**第一，**它考慮了貨幣的時間價值，折算未來的現金流以獲得一筆錢現在的價值。**第二**，這個方法考慮企業的資金成本或其他最低資本報酬率。**第三**，這個方法以金錢今天的價值提供你一個答案，讓你可以將初始現金支出與報酬的現值進行比較。

如何計算現值？正如我們所提到的，實際的計算可以使用財務計算機，或在財務部門的試算表上進行，也可以使用眾多可用的網路工具在線上完成。你還可以在金融教科書中的現值／未來值表中尋找答案。但我們也會說明公式（稱為折現率公式），這樣你就可以知道計算結果的「背後」真正的含義。

折現率公式如下：

$$PV = \frac{FV_1}{(1+i)} + \frac{FV_2}{(1+i)^2} + \cdots \frac{FV_n}{(1+i)^n}$$

其中：
PV ＝現值
FV ＝每一段期間的預估現金流
i ＝折現率或最低資本報酬率
n ＝你預期的期間數
淨現值等於現值減掉初始現金花費。

以我們提到的範例來說，計算如下：

$$PV = \frac{\$1,300}{(1.08)} + \frac{\$1,300}{(1.08)^2} + \frac{\$1,300}{(1.08)^3} = \$3,350$$

而且

NPV ＝ $3,350 － $3,000 ＝ $350

換句話說，3,900 美元的預期總現金流以 8% 折現時，計算出今天的價值只有 3,350 美元。減去 3,000 美元的初始現金支出，就會得出淨現值為 350 美元。

你應該如何解釋這個呢？如果一個專案的淨現值大於零，就應該被接受，因為報酬大於公司的最低資本報酬率。在這個範例中，350 元的報酬顯示該專案的報酬率大於 8%。

一些公司可能希望你使用多個貼現率來計算淨現值。如果是，就會看到以下關係：

- 當利率升高，淨現值就會降低。
- 當利率降低，淨現值就會提高。

這種關係之所以成立，是因為更高的利率代表更高的資金機會成本。如果財務主管將最低資本報酬率設定為 20%，這表示他非常有信心在其他地方可以獲得幾乎同樣多的風險水準。新的投資必須非常好才能動用任何資金。相較之下，如果在其他地方只能獲得 4% 的獲利，那麼許多新投資可能會開始看起來不錯。正如聯準會透過降息來刺激國內經濟一

樣，公司可以透過降低最低資本報酬率來刺激內部投資。（當然，這可能不是明智的政策。）

淨現值法的一個缺點，在於很難向其他人解釋和呈現。報酬很容易理解，但淨現值是一個根據未來現金流貼現價值的數字，對不懂財務語言的人來說很難理解。儘管如此，經理人若想要介紹淨現值還是應該這麼做。假設最低資本報酬率等於或大於公司的資金成本，任何通過淨現值測試的投資都會增加股東價值，而未通過的投資（如果最後仍然實行）都會傷害公司及其股東。

另一個潛在的缺點是，淨現值的計算是根據很多的估計和假設（這又是財務的藝術）。現金流量預測只能估計；專案的初始成本可能很難確定。而且不同的折現率會給你完全不同的淨現值結果。儘管如此，理解這種方法的運作方式，能幫助你質疑他人的假設，並讓你在準備自己的投資提案時，使用能夠解釋的假設。當你在資本支出的會議上解釋淨現值時，你的上司、執行長或其他人，都能清楚地了解你的財務智商。這種分析能力，能讓你更有信心地說明為何應該進行這項投資，或為何應該放棄。

內部報酬率法

計算內部報酬率類似於計算淨現值，但變數不同。內部報酬率不是假設某個折現率，然後查看投資的現值，而是計算預計現金流提供的實際報酬。然後可以將這個報酬率與公司的最低預期報酬率進行比較，以查看投資是否通過測試。

在我們的範例中，該公司計畫投資 3,000 美元，在接下來的三年中，每年結束時將獲得 1,300 美元的現金流。你不能只使用 3,900 美元的總現金流來計算報酬率，因為報酬率分攤至三年。所以我們需要做一些計算。

首先，這是看待內部報酬率法的另一種方式：這是使淨現值等於零的最低資本報酬率。還記得我們說過，隨著貼現率的增加，淨現值會下降嗎？如果你使用愈來愈高的利率進行淨現值計算，你會發現淨現值愈來愈小，直到最終變為負值，這表示專案不再通過最低資本報酬率。在前面的範例中，如果你以 10% 為最低資本報酬率，則淨現值約為 212 元。如果你用 20%，淨現值將為負值，為負 218 美元。因此，淨現值等於零的轉折點介於 10% 和 20% 之間。理論上來說，你可以不斷縮小範圍，直到找到轉折點為止。而實務上，你可以只使用財務計算機或網路上的工具，你會發現淨現值等於零的點是 14.36%。這就是投資的內部報酬率。

內部報酬率法是一種容易解釋和呈現的方法，因為**它可以快速比較專案的報酬率與最低資本報酬率。**

然而，這種方法也有其缺點：第一，無法量化專案對公司總價值的貢獻，而這是淨現值法所能做到的。第二，無法考量報酬持續的時間長短。當競爭專案的持續期間不同時，單純依賴這個方法可能會讓決策者偏好回收快、報酬率高的短期專案，而實際上投資於回收期較長但報酬率較低的專案卻可能有更好的回報。第三，無法反映專案的規模。例如，內部報酬率 20% 並未告訴你具體的收益金額——它可能是 1 美元的 20%，也可能是 100 萬美元的 20%。相比之下，淨

現值法則直接提供具體的金額資訊。總結來說，**當投資規模較大時，同時使用內部報酬率法和淨現值法來評估專案，可能是更明智的決策方式。**

比較這三種方法

前文中，我們已提供了兩個教訓。一是我們介紹的三種方法可能會導致你做出不同的決定，實際上要視你使用哪一種方法而定。二是**當方法衝突時，淨現值法是最佳選擇**。我們再舉一個例子，來看看其中差異。

再次假設你的公司有 3,000 美元可投資。（用較小的數字比較容易計算。）公司針對不同類型的電腦系統提出三種不同投資專案，如下所示：

- 投資 A：三年內每年賺回 1,000 美元的現金流。
- 投資 B：第一年年底賺回 3,600 美元的現金流。
- 投資 C：第三年底賺回 4,600 美元的現金流。

公司要求的報酬率（最低資本報酬率）為 9%，而且三項投資的風險層級全都類似。如果你只能選擇其中一項投資，你會選擇哪一項？

還本期間法告訴我們需要多少時間初始投資才能回本。假設每年年底才會收到報酬，結果如下：

- 投資 A：3 年

- 投資 B：1 年
- 投資 C：3 年

只看這種方法的話，投資 B 顯然是比較好的選擇。但是，如果我們計算淨現值，結果如下：
- 投資 A：–469 美元（負！）
- 投資 B：303 美元
- 投資 C：552 美元

現在投資 A 已經出局了，投資 C 看起來是最好的選擇。那麼內部報酬率法的結果又如何？
- 投資 A：0%
- 投資 B：20%
- 投資 C：15.3%

很有意思。如果我們只使用內部報酬率法，我們會選擇投資 B。但以淨現值法計算，C 的結果最好，這會是正確的決定。正如淨現值法向我們顯示的，以今天的金額計算，投資 C 比投資 B 更有價值。

為什麼是這樣呢？雖然 B 支付的報酬高於 C，但它只支付一年的報酬；C 投資能得到的報酬較低，但我們得到的是三年的報酬。三年 15.3% 的報酬比一年 20% 的報酬要來得好。當然，如果你假設可以繼續以 20% 的報酬率投資，那麼 B 就會比較好——但淨現值不能考慮假設的未來投資。這其實假設的是，公司能以 9% 報酬率持續運用資金。即便

如此,如果我們把投資 B 在第一年底賺的 3,600 美元再投資到 9% 報酬率的標的,到第三年底時得到的報酬,仍比從投資 C 所獲得的更少。

總之,即使在討論或報告時使用其他方式來分析,在決策時使用淨現值計算仍然是最合理的方式。

獲利能力指數

獲利能力指數(profitability index,PI)是一種用於比較資本投資的工具。畢竟每間公司的資金都是有限的。大多數公司可以透過各種不同的方式投資資金,而且每項投資可能需要不同的金額。**計算獲利能力指數可以幫助你了解哪些投資可能對企業最有價值。**

要計算獲利能力指數,我們首先必須對每項投資進行淨現值計算。然後我們取淨現值,再加上初始投資的金額以計算現值。在我們的三個範例中,每個都需要 3,000 元的初始投資。投資 A 的淨現值為負 469 美元,現值為 2,531 美元;投資 B 的淨現值為 303 美元,現值為 3,303 美元;而投資 C 的數字分別為 552 美元和 3,552 美元。要將這些淨現值結果轉換為獲利能力指數,只需將現值除以初始投資即可。計算如下所示:

- 投資 A 的獲利能力指數為 2,531 美元除以 3,000 美元,即 0.84。
- 投資 B 的獲利能力指數為 3,303 美元除以 3,000 美元,

即 1.10。
- 投資 C 的獲利能力指數為 3,552 美元除以 3,000 美元，即 1.18。

換句話說，投資 A 每投資 1 美元，在當前價值下可獲得 0.84 美元；投資 B 可獲得 1.10 美元；投資 C 可獲得 1.18 美元。獲利指數讓我們能夠依據其數值對投資進行排序，這在評估需要不同投資層級的機會時特別有用。有時某項投資的淨現值高於其他投資，但萬一成本比替代方案更高，直接比較淨現值可能並不準確。這時獲利能力指數可以解決這個問題。

困難之處

有用的投資報酬率分析的關鍵——也是任何方法中最困難的部分——是對投資的未來收益進行良好的估計。這是真正的挑戰所在，也是最常發生錯誤的地方，即使是大公司也是如此。看看沒有報酬的收購或其他重大投資的數目就知道了。這些糟糕的投資，幾乎總是反映了對專案未來經濟效益懷有不切實際的預測。

你該如何避免犯這種錯誤呢？最重要的一點是，你的**重點應該放在現金流上，而不是未來的獲利**。在進行預測時，你要加入一個額外的分析步驟，這個步驟十分有效。

我們來考慮一個例子——既然你現在更熟悉資本支出分析了，我們將使用的數字調整得更接近現實（但已經簡化

了）。你有機會建造一座新工廠，這將使企業在三年內提高生產力。這座工廠耗資 3,000 萬美元，將可持續運作四年（為了便於說明，我們將使用時間限縮在較短的時間範圍內）。工廠製造出的產品，在未來三年內每年可產生 6,000 萬美元的額外營收。

這個專案的預計增量損益表可能如下所示：

圖表 27-1　新工廠的預計增量損益表

	第1年	第2年	第3年
營收	$60,000,000	$60,000,000	$60,000,000
材料和人力	30,000,000	30,000,000	30,000,000
折舊	10,000,000	10,000,000	10,000,000
營業利益	20,000,000	20,000,000	20,000,000
稅金	5,000,000	5,000,000	5,000,000
淨利	$15,000,000	$15,000,000	$15,000,000

這看起來是個不錯的專案吧？你投資了 3,000 萬，並在三年內獲得了 4,500 萬的獲利。但我們故意遺漏了一個關鍵點：這個範例比較的是專案的獲利與投資的現金。回想一下你在前面的章節中所學到的：獲利和現金是不一樣的。將獲利報酬與現金投資進行比較，就像把油桃拿來和香蕉比較。

你通常需要兩個步驟才能從營業利益轉化為現金。首先，你必須將任何非現金費用加回去。舉例來說，折舊就是一種非現金費用，會降低獲利但不會影響現金流。其次，你

必須考慮額外的營運資金。當銷售更多就會需要有更多的庫存，並且將導致更多的應收帳款——這些是營運資金的兩個關鍵要素。這兩項投資都必須以現金支出。

那麼我們就來假設一下，要達到這個新的營收成長，你就必須向信用評等低於現有客戶的新客戶銷售產品。向這些客戶收款也許需要 60 天而不只是 45 天。也許在這三年中，你需要將應收帳款增加 1,000 萬美元。同時，假設你的庫存需要增加 500 萬美元才能支付額外的銷售額。（財務人員根據你過去的財務狀況，可以準確地估計這些數字，而在這個範例中，我們只是假設這些數字可能會是多少。）

要將獲利轉換為現金流，計算將如下所示：

圖表 27-2　將新工廠的獲利轉換為現金流

	第1年	第2年	第3年
營收	$60,000,000	$60,000,000	$60,000,000
材料和人力	30,000,000	30,000,000	30,000,000
折舊	10,000,000	10,000,000	10,000,000
營業利益	20,000,000	20,000,000	20,000,000
稅金	5,000,000	5,000,000	5,000,000
淨利	$15,000,000	$15,000,000	$15,000,000
加回折舊	10,000,000	10,000,000	10,000,000
營運資金	(15,000,000)	0	15,000,000
淨現金流	$10,000,000	$25,000,000	$40,000,000

現在這個專案看起來更有吸引力了。計算顯示，3,000萬美元的投資將在三年內獲得 7,500 萬美元的報酬。當然，你還是需要使用淨現值分析，以查看這項投資是否合理。

請記住，投資報酬分析的魔鬼就藏在細節裡。任何人都可以使預測看起來夠好，而使投資看來似乎是合理的。通常，進行敏感性分析是有意義的，也就是使用原始預測的 80% 或 90% 的未來現金流檢查計算，看看這項投資是否仍是好的決定。如果是，你就可以更相信這個計算有助於做出正確的決定。

我們知道本章有很多計算。但有時你會很驚訝地發現，整個過程其實很直覺。不久前，老喬在設定點公司召開一次財務審查會議。一位高階經理人建議公司投資 8 萬美元採購一間新的加工中心，這樣公司就可以自行生產某些零件，而不是依賴外部供應商。老喬因為幾個原因而對這個提議並不熱衷，但是在他開口之前，一位工廠的裝配技術員向經理提出了以下問題：

- 你是否計算過我們從這款新設備能獲得的每月現金流報酬是多少？8 萬美元是一大筆錢！
- 現在是春季，這時的業務量通常很少，但你知道到了夏季時現金會很緊嗎？
- 你是否計算過操作機器的人力成本？我們在工廠裡都很忙，你可能需要另外雇人來操作這個設備。
- 這筆錢有沒有更好的用處來發展業務？

經過這次提問後,那位經理放棄了這個提議。那位裝配技術員雖然不是計算淨現值方面的專家,但他絕對了解這些概念。

　　當直覺有用的時候當然很棒。如果你能像那位技術人員一樣憑直覺做出決定(或質疑別人的提議),那就這麼做。但是對於更大或更複雜的專案,光憑直覺是不夠的,還需要可靠的分析。這時你就需要本章所說明的概念和過程。

Part 6　知識補給站

分析資本支出的步驟指南

你一直在與老闆討論為工廠採購新設備，或是展開新的行銷活動。他突然結束了討論，並說：「聽起來不錯。寫一份附有 ROI 的提案給我，星期一之前放在我的辦公桌上。」

這時請不要慌：以下就是準備提案的步驟指南。

1. 請記住，ROI 就是投資報酬率——這就只是在說「準備對此資本支出的分析」。老闆想透過計算確認這筆投資是否值得，以支持這個決定。

2. **收集所有可能涉及投資成本的資料**。以新機器來說，總成本將包括採購價格、運輸費用、安裝、工廠停工時間、調校、培訓等等。必須估算的事項就要寫下來。將總額視為你的初始現金支出。你還需要判斷機器的使用壽命，這不是一件容易的事（但這是財務藝術中我們非常喜歡的部分！）你可以與製造商和採購過這個設備的其他人談談，以協助你回答這個問題。

3. **確定新投資的好處**，包括節省成本以及提高公司收益。針對新機器的計算應包括因生產速度提升、重工（rework）減少、所需操作人員減少、客戶滿意度提

升導致銷售增加等因素所帶來的好處。困難之處在於，你需要將這些因素轉換為現金流預估，如我們在第 27 章所示。別害怕向財務部門尋求幫助——他們受過這方面的專業訓練，而且應該樂於協助你。

4. **找出公司對此類投資的最低資本報酬率**。用這個數字來計算專案的淨現值。記住，要和你的財務部門合作——他們應該有一個試算表，以確保你收集他們認為重要的資料，並按照他們希望的方式計算。

5. **計算還本期法和內部報酬率法（財務部門的試算表可能也包括這些）**。老闆也可能問你關於這些問題，因此你需要準備好答案。

6. **寫下提案**。保持簡短即可。描述專案、概述成本和收益（財務和其他方面），並描述風險。討論這如何配合公司的戰略或競爭狀況。然後給出你的建議。包括你的淨現值、投資報酬率和內部報酬率法計算，以防有人質疑你如何得出這個結果。

經理人在撰寫資本支出提案時，有時會過於誇大其詞。這或許是人性使然——我們都喜歡新事物，而且往往會調整數字，使投資看起來很有吸引力。然而，我們建議採取保守與審慎的態度。清楚說明哪些預估數據是可靠的，哪些可能存在不確定性。進行敏感性分析，（如果可能的話）還要證

實即使現金流未達到預期水準，預估結果仍然合理。保守的提案更有可能獲得資金支持，長期下來也更有可能為公司創造最大價值。

還有一件事要說明：有時候不值得花費時間和精力做這種分析。舉例來說，有時高層可能會要求你證明他已經做出的決定是否合理。做這種分析真的沒有意義（除非你無法擺脫它）。你只需要調整你的假設和估計，直到數字「正確」。我們認識的一間小型軟體公司（年營收不到 5,000 萬美元），業主決定要買一架公務用噴射機。他要求公司會計主管對噴射機進行投資報酬率分析，以確保買飛機的錢花得值得。當會計主管的數據顯示，對於這種規模的企業來說，這個投資甚至不在合理範圍內時，業主要求他使用「新的」資訊重新進行分析。新的數字仍然不能證明噴射機的合理性。但是這不重要，我們最近聽說，那位業主正在等待一筆大業務完成，然後無論如何都要買下一架噴射機。

此外，某些投資也是「連想都不用想」，不需要詳細分析。在老喬的公司設定點，工程師在從事有價值的專案時，每天產生數百美元的毛利。如果工程師的 CAD 系統故障，他就無法創造這樣的獲利。因此，讓我們想像一下羅柏的電腦老舊而且定期當機。如果它在一年內連續幾天停機，公司可能會損失數千美元的毛利。同時，一部新電腦的價格是 4,000 美元。你不需要淨現值法或內部投資報酬率法，就可以確定買一部新的電腦是值得的。

計算資金成本

公司在進行資本預算分析時，如何確定要使用的利率或折現率？要回答這個問題，你需要弄清楚公司的資金成本。

資金成本可能會是一個複雜的計算。你需要了解有關公司的幾件事，包括：

- 用於為其營運融資的債務和股本比例是多少？
- 公司股票的波動性如何？
- 其債務的整體利息成本是多少？
- 目前市場上的利率是多少？
- 公司目前的稅率是多少？

回答這些問題可以讓你判斷，這筆投資合理所需的最低報酬或利率是多少。

我們來看一個例子。我們假設這些問題的答案如下：

- 公司以30%的債務和70%的股權為其營運提供資金。（你可以從資產負債表中計算出這些百分比。）
- 以貝他係數（beta）衡量的股票波動率為1.25。（貝他係數衡量的是證券與整個市場相比的波動性。通常隨市場上漲和下跌的股票，如許多大型工業公司的股票，貝他係數接近1.0。波動性更大的公司〔漲跌通常比大盤更多〕的貝他係數可能為2.0，而比市場穩定的公司〔例如公用事業〕的貝他係數可能為0.65。

貝他係數愈高，股票在投資人眼中的風險就愈大。）
- 公司債的平均利率為 6%。
- 無風險的美國國庫券的利率為 3%；股票市場的典型投資預計將提供 11% 的報酬。
- 公司的稅率為 25%。

有了這些資訊後，我們就可以判斷公司的加權平均資金成本（WACC），也就是依照 30% 與 70% 比例加權計算的債務和股本成本。WACC 是公司必須從其資產中賺取的最低報酬，以滿足債權人、業主和提供資本的所有其他人的需求。

第一步是計算債務成本。由於債務的利息可以抵稅，因此我們需要同時查看利率和稅率來判斷稅後成本。公式如下：

債務成本＝債務的平均利息成本 ×（1－稅率）

因此，以我們舉例的業務來說就會是：

債務成本＝ 6%×（1.00 － .25）＝ 4.5%

下一步是使用貝他（風險）和現行利率計算公司股權成本，等式如下：

股權成本＝無風險利率＋貝他 ×（市場利率－無風險利率）

以範例來說就是：

股權成本＝ 3%＋1.25×（11%－3%）＝ 13%

　　分析顯示，這間公司的稅後債務成本為 4.5%，股東權益成本為 13%。

　　最後，我們知道這間公司有 30% 的債務和 70% 的股權。因此，加權平均資金成本為：

（0.3×4.5%）＋（0.7×13%）＝ 10.45%

　　企業應從其投資中獲得的最低報酬率為 10.45%。這個報酬率才能合理證明資本的運用價值。

　　當你查看這些數字時，你可能會問：「為什麼不使用更多的低成本債務和更少的高成本股權呢？這不會降低企業的資金成本嗎？」可能會──但也可能不會。承擔更多債務會增加風險，這種知覺風險可能會增加股票的貝他係數，進一步提高股票的成本。額外的風險也可能使債權人要求更高的報酬率。這些增加可能會抵消增加債務帶來的好處。

　　企業的財務團隊必須判斷正確的債務－股本組合，以便將加權平均資金成本降至最低。這種組合很難完全正確，並且會隨著利率和知覺風險變化而改變。如果財務人員真的做對了，那麼他們絕對是盡職的員工。

　　加權平均資金成本通常被認為是企業應從其資金投資中獲得的最低報酬。大多數大公司每年都會評估他們的加權平均資金成本，並將其用作基準來設定淨現值和其他資本預算計算的最低資本報酬率。但是在實際確定最低資本報酬率

時,公司通常會將加權平均資金成本提高 2 到 3 個百分點,以免有所誤差。

經濟附加值和經濟獲利的基本概念

經濟附加價值(EVA)和經濟獲利(EP)是被廣泛用來評估一間公司財務績效的指標。這兩個衡量的東西大致相同,但計算方式略有不同。

據我們所知,經濟附加價值這個衡量標準是唯一被諮詢公司註冊的商標。(這是由紐約公司史登都華公司〔Stern Stewart & Co.〕所擁有)。基本的概念是這樣的:只有當公司獲得的風險調整後獲利,大於將相同的資金投資於其他地方所能獲得的獲利時,它才能為其股東增加價值。

要計算經濟附加價值和經濟獲利,首先要計算總資金報酬率(ROTC)。然後減去加權平均資金成本。這兩種方式的支持者指出,公司必須承擔成本來採購用於產生獲利的營運資產,無論是使用股權還是債務,還是某種組合。要了解公司的真實獲利,就應該考慮這些成本。

我們將查看在前一項中使用的相同範例,看看該公司透過這些方法衡量的表現如何。請記住,這間公司的加權平均資金成本(WACC)為 10.45%。我們還以 21 章的範例為基準,假設它的總資金報酬率(ROTC)為 9.6%。以下就是經濟附加價值(EVA)的公式:

$$EVA = ROTC - WACC$$

所以對範例中的公司來說就是：

$$EVA = 9.60\% - 10.45\% = -0.85\%$$

簡而言之，這間公司的經濟附加價值為負。它為資本提供者賺取的報酬率，比他們通常預期的低近 1 個百分點。如果這項業務的經濟附加價值持續為負值，股東和放款機構可能會尋找其他投資。

接著我們來看看這個負的經濟附加價值對經濟獲利代表什麼。而將經濟附加價值百分比轉換為金額，你只需將經濟附加價值乘以總資本，正如我們在第 21 章中說明的。因此，如果投資於業務的總資本為 36.46 億美元，如第 21 章中的範例所示，則計算如下：

$$EP = -0.85 \times \$36.46 \text{ 億}，即 -\$30,991,000$$

資金提供者得到的比他們從這項業務中合理預期的報酬低 3,100 萬美元。

那麼明年呢？假設公司的業績改善了，而且總資金報酬率達到 12%。同時，由於利率下降，其加權平均資金成本降至 9.5%。唯 保持不變的是總資本。現在，其經濟附加價值為 12% - 9.5%，就是 2.5%，經濟獲利為 2.5% × 36.46 億美元，就是 9,115 萬美元。這是一個相當大的進步，資本提供者肯定會很高興。

Part
7

管理企業的營運資金

第28章

管理資產負債表

我們在這本書中多次提到了「管理資產負債表」。現在我們想更詳細地介紹如何做到這一點。原因是什麼？精明的資產負債表管理就像財務魔術。這麼做允許公司在不增加營收或降低成本的情況下改善其財務業績。資產負債表管理得更好，使企業能夠更有效地將投入轉化為產出，最後轉化為現金。這麼做加快了現金轉換周期，我們將在本 Part 後面討論這個概念。**能夠在更短的時間內產生更多現金的公司，會擁有更大的行動自由度**；這種公司不太依賴外部投資人或放款機構。

可以肯定的是，你公司的財務部門最終負責管理大部分資產負債表。他們負責弄清楚要借多少錢以及借款條件，在必要時安排股權投資，以及通常密切關注公司的整體資產和負債。但非財務部門的經理對資產負債表中的某些關鍵專案有巨大影響，這些合在一起就被稱為營運資金。營運資金是財務智商發展與應用的主要舞臺。一旦你掌握了這個概念，就會成為財務部門和高階經理人寶貴的合作夥伴。學會將營運資金管理得更好，你就可以對公司的獲利能力和現金狀況

產生非常大的影響。

營運資金的要素

營運資金是一種資源類別,包括現金、庫存和應收帳款,減去公司短期內所欠的任何債務。它直接來自資產負債表,通常計算公式如下:

$$營運資金 = 流動資產 - 流動負債$$

當然,這個方程式可以再進一步分解。正如我們所看到的,流動資產包括現金、應收帳款和庫存等項目。流動負債包括應付帳款和其他短期債務。但這些並不是孤立的資產負債表項目;這些代表了生產周期的不同階段和不同形式的營運資金。

若要理解這一點,你可以想像一間小型製造公司。每個生產周期都從現金開始,因為現金是營運資金的第一組成部分。公司拿著現金購買了一些原料。這就產生了原料庫存,這是營運資金的第二個組成部分。然後,原料用於生產,製造在製品庫存,最終組成完成品庫存,這也是營運資金的「庫存」組成部分的一部分。最後,公司將商品出售給客戶,產生應收帳款,這是營運資金的第三個也是最後一個組成部分(圖 28-1)。

服務業的周期和上述很類似但是更簡單一點。舉例來說,我們自己的公司,也就是商業素養學院,它主要是一問

培訓企業。其營運周期涉及從最初開發培訓資料到完成培訓課程，最後到收取帳單所需的時間。我們完成專案和後續收款的效率愈高，獲利能力和現金流就會愈健康。事實上，在服務業務中賺錢的最佳方式就是提供快速、良好的服務，然後盡快收款。

營運資金

營運資金是公司為其日常經營所需的資金。會計師通常會透過將公司的現金、庫存和應收帳款相加，然後扣掉短期債務來衡量營運資金。

圖表 28-1　營運資金與生產周期

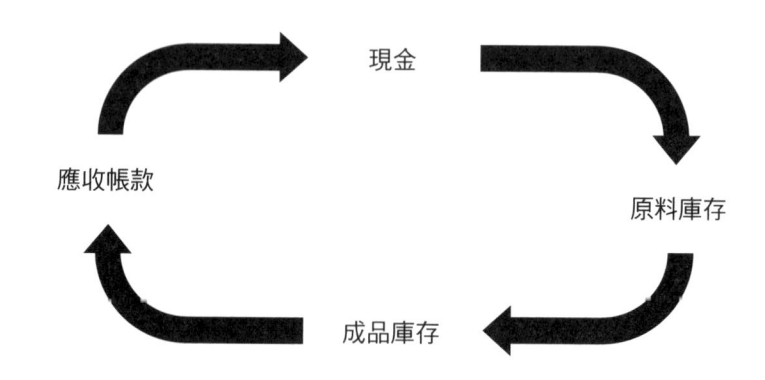

現金 → 原料庫存 → 成品庫存 → 應收帳款 → 現金

在整個周期中，營運資金的形式發生了變化。但是，除非有更多的現金進入系統，例如，來自貸款或股權投資，否

則金額不會改變。

當然，如果公司以賒帳的方式採購，則部分現金仍留在帳上，但在資產負債表的負債一側，會建立對應的「應付帳款」項目。因此必須從其他三個組成部分中扣除，才能準確了解公司的營運資金。

衡量營運資金

公司在衡量營運資金時通常會考慮三個主要組成部分：應收帳款、庫存和應付帳款。這些要素中的任何一個發生變化都會增加或減少營運資金，如下所示：

- **應收帳款**是客戶購買公司商品的款項，因此應收帳款增加會提高營運資金。
- **庫存**是用於購買並儲存供客戶銷售的商品的資金，因此庫存增加也會提高營運資金。
- **應付帳款**則是公司欠他人的款項，因此應付帳款增加會降低營運資金。

你可以使用我們已經討論過的一些比率來了解和管理營運資金。你可能已經能想像，這些比率都在衡量應收帳款、庫存或應付帳款。你可能還記得，應收帳款周轉天數（DSO）衡量的是賺取營收所需的平均時間。所以，減少應收帳款周轉天數可以讓公司減少營運資金。庫存周轉天數（days in inventory outstanding，DII）是庫存在系統中保留的

天數。由於庫存需要花錢，減少庫存周轉天數可以減少營運資金。到目前為止，你可能已經猜到了第三個關鍵指標：應付帳款周轉天數（days payable outstanding，DPO）。如果你提高應付帳款周轉天數（保留更長的時間來支付帳單），則會減少營運資金。我們將在第 29 章和第 30 章討論管理營運資金的這些要素。

整體而言，一間公司需要多少營運資金？這個問題並沒有簡單的答案。每間公司都需要足夠的現金和庫存來完成其工作。公司愈大、成長愈快，可能需要的營運資金就愈多，但真正的挑戰是有效使用營運資金。**非財務經理可以真正影響的三個營運資金帳戶是應收帳款、庫存，還有應付帳款**（程度較小）。我們將依序討論每一項。

在開始討論之前，值得再次思考這些計算中到底涉及多少「藝術」。最好的答案可能是——「有一些」。現金是一個明確的數字，不太容易被操縱。應收帳款和應付帳款也是相對較難操縱的數字。然而，庫存就比較容易被動手腳，因為各種會計技巧和假設，讓公司可以用不同的方法來評估庫存價值。因此，公司的營運資金計算方式，在某種程度上會受到其所採用的會計準則影響。

儘管如此，營運資金的數字通常不會像我們之前學到的那些數字那樣，受到太多主觀判斷的影響，仍然可以被視為相對可靠的指標。

第29章

管理企業的槓桿比率

大多數公司使用他們的現金來資助客戶採購產品或服務。這是資產負債表上的「應收帳款」項目,也就是客戶在該日期之前採購的商品的價值,在特定時間點所欠的金額。

正如我們在 Part 5 中看到的,衡量應收帳款的關鍵比率是應收帳款周轉天數(DSO),也就是收回這些應收帳款所需的平均天數。公司的應收帳款周轉天數愈長,經營公司所需的營運資金就愈多。客戶以尚未付款的產品或服務的形式擁有更多現金,因此現金無法用於採購庫存、提供更多服務等。反過來說,公司的應收帳款周轉天數愈短,經營公司所需的營運資金就愈少。因此,愈多人了解應收帳款周轉天數並努力降低這個數字,公司可支配的自由現金就愈多。

管理應收帳款周轉天數

管理應收帳款周轉天數的第一步,就是了解這是什麼,以及它的發展方向。如果它高於應有的水準,尤其是呈現上升趨勢(幾乎總是如此),經營者就必須開始提出問題。

舉例來說，營運和研發經理必須問自己，產品是否有任何問題可能使客戶不願意支付帳款。公司是否賣給客戶想要和期望的東西？配送是否有問題？品質問題和延遲交貨通常會導致延遲付款，只是因為客戶對他們收到的產品不滿意，然後決定晚一點再付款。因此，品質保證、市場研究、產品開發等方面的經理會影響應收帳款，生產和運輸的經理也是如此。在服務業中，提供服務的人也需要問自己同樣的問題。如果顧客對他們所得到的服務不滿意，也會拖比較久才付款。

需要面對客戶的經理（業務和客戶服務經理）必須提出一連串類似的問題。我們客戶的財務是否健全？他們所屬產業支付帳款的標準是什麼？他們所在的國家通常支付帳款快還是慢？業務員通常會與客戶進行第一線接觸，因此他們有責任注意對客戶財務狀況的任何擔憂。完成銷售後，客戶服務代表必須接手並了解發生的情況。客戶的業務狀況如何？他們是否在加班？是否正在裁員？

同時，業務員需要與信貸和客戶服務人員合作，確保每個人都清楚交易條款，並且在客戶遲付時覺察。在我們合作的某間公司，配送員最了解客戶的情況，因為他們每天都會去客戶公司。如果客戶的業務似乎出現問題，他們會提醒業務和會計部門。

信貸經理需要問公司提供的付款條款是否對公司有利，以及是否符合客戶的信用紀錄。他們需要判斷公司是否太容易提供信貸，或是其信貸政策是否過於嚴格。這其中總是存在權衡──一方面希望提升銷售，另一方面又要避免給予信

用風險較高的客戶過多信貸。信貸經理需要設定他們願意提供的確切條款。淨 30 天是否令人滿意——還是我們應該允許淨 60 天？他們需要確定策略，例如為提前付款提供折扣。舉例來說，「2/10 淨 30」代表如果客戶在 10 天內支付帳單，則可享受 2% 的折扣，如果等待 30 天，則沒有折扣。有時候，1% 或 2% 的折扣可以幫助公司加快收回其應收帳款，因而降低其應收帳款周轉天數——當然，這麼做會降低公司的獲利能力。

我們知道有一間小公司，它有一種自行開發的簡單方法，以解決向客戶提供信貸的問題。這間公司已經確定了它希望客戶具備的特質，甚至將其理想客戶命名為「巴布」。巴布應有的特性包括：

- 他在一間大公司工作。
- 他的公司已知會按時支付帳單。
- 他可以維護和理解所提供的產品（這間公司生產複雜、技術密集型的產品）。
- 他正在尋找一段持續的合作關係。

如果新的客戶符合這些標準，這間小型製造商就會提供他的公司信貸。否則就不會。因為有這項政策，公司能夠將其應收帳款周轉天數保持在相當低的水準，並在沒有額外股權投資的情況下實現成長。

這些決定全都對應收帳款有極大的影響，而且也影響了營運資金。事實是，這些決定可以產生巨大的影響。只要減

少一天應收帳款周轉天數,便可以為大公司每天節省數百萬美元。例如,請看第 24 章中的應收帳款周轉天數的計算,你會注意到範例公司一天的營收差不多就是 2,400 萬美元。因此,將該公司的應收帳款周轉天數從 55 天降到 54 天,將增加 2,400 萬美元的現金,可以用於公司的其他事務。

管理庫存

現在許多經理(和顧問)都將注意力放在庫存。他們努力盡可能減少庫存。他們使用精實生產、即時庫存管理,以及經濟訂單數量(economic order quantity,EOQ)等流行術語。關注這些的原因正是我們在這裡討論的。**透過釋放大量現金,有效地管理庫存,降低營運資金需求。**

當然,庫存管理的挑戰不是將庫存減少到零,這麼做可能會讓很多客戶不滿意。真正的挑戰在於將庫存降低到最低的程度,同時仍然確保每種原料和每個零件在需要時可用,而且每種產品在客戶需要時都可以銷售。製造商需要不斷訂購原料、製造並持有產品以交付給客戶。批發商和零售商需要定期補充庫存,並避免可怕的「缺貨」——當客戶需要時沒有商品。然而,庫存中的每件物品都會占用現金,這些現金無法用於其他目的。究竟需要多少庫存來滿足客戶,同時將占用的現金降至最低,這是個價值不斐的問題(也是這些顧問存在的原因)。

管理庫存的技術超出了本書的範圍。但是我們想強調一點,各部門的經理人都會影響公司對庫存的使用,這表示他

們都能對降低營運資金需求產生影響。舉例來說：

- 業務員喜歡告訴客戶，他們可以得到自己想要的東西。客製化油漆？沒問題。附贈小東西？沒問題。但每種變化都需要更多的庫存，這表示更多的現金。顯然，客戶必須滿意。但是讓客戶滿意與增加庫存費用，兩者之間必須取得平衡。當業務員銷售的標準化商品愈多、商品種類愈少，公司所需的庫存量就愈低。

- 工程師喜歡附加功能。事實上，他們一直在努力改進公司的產品，用 2.55 版取代 2.54 版，等等。同樣的，這是一個值得稱讚的業務目標，但必須與庫存要求取得平衡。產品版本的激增給庫存管理帶來了負擔。當產品線保持簡單，只有少數容易互換的選項時，庫存下降和庫存管理就變得不那麼辛苦了。

- 生產部門對庫存有很大影響。例如，機器停機時間的比例是多少？頻繁的故障會要求公司儲備更多的在製品和成品庫存。換線的平均時間是多少？關於某個零件該生產多少的決策對庫存需求有巨大的影響。甚至工廠的格局也會影響庫存，高效設計的生產流程可以最大程度地減少對庫存的需求。

根據這樣的思路，值得注意的是，許多美國工廠的營運原則會消耗大量營運資金。當業務不景氣時，他們仍然會繼續生產產品以保持工廠效率。工廠經理專注於降低單位成本，通常是因為這個目標已經在他們的腦海中根深柢固了，所以他們不再去質疑它。他們以前就是學著這麼做、被告知要這麼做，並且為實現目標而獲得報酬（獎金）。

當生意好的時候，這個目標是完全有道理的，降低單位成本，是有效管理生產成本的方式之一。（這是專注於損益表的舊方法，只適用於部分狀況。）然而，當需求低迷時，工廠經理必須考慮公司的現金流以及單位成本。在這種情況下，工廠繼續生產只會創造更多的庫存，這些庫存將堆放在貨架上，占據空間。在上班時間閱讀學習，可能比生產無法銷售的產品更有價值。

公司透過精明的庫存管理可以節省多少錢？讓我們再來看一次範例的公司：庫存周轉天數光是減少一天（從 74 天減少到 73 天），就會增加近 1,900 萬美元的現金。任何大公司都可以透過節省數百萬美元的現金，進而減少營運資金需求──只需對其庫存管理進行適度的改進即可。

第30章

管理現金轉換周期

本章將討論現金轉換周期，這衡量的是公司收取現金的效率。但是，我們首先必須考慮一個小問題——公司決定以多快的速度支付欠供應商的款項。

應付帳款是一個很難正確計算的數字。這是一個財務與哲學結合的領域。若只考慮財務狀況，就會鼓勵經理將應付帳款周轉天數（DPO）延長至極限，以節省公司的現金。這個比率的變化與我們一直在討論的其他比率變化一樣強大。舉例來說，在我們的範例公司中，光是將應付帳款周轉天數增加1天，就會使公司的現金餘額增加約1,900萬美元。

公司確實經常把應付帳款周轉天數當作增加現金流，和減少業務占用的營運資金的工具。舉例來說，在2008年的金融危機和後來的經濟衰退期間，許多公司就提高了應付帳款周轉天數，以此做為節省現金的策略。事實上，一間《財星》50大公司就告訴供應商，將在120天後付款給他們。

但這在平時是個好策略嗎？或是適合非《財星》50大的公司？這個策略會帶來難以評估的剩餘成本。當然，財務團隊可以衡量將應付帳款周轉天數從60天增加到70天，

可以產生多少現金。對於一間大公司來說，這可能是一筆不小的數目。但是「軟」成本呢？延遲付款的公司可能會使其關鍵供應商倒閉。或是公司可能會發現，供應商正在提高價格，以支付他們必須尋找的額外融資成本。公司可能會面臨交貨時間變慢甚至品質下降的問題──畢竟，供應商可能會感到壓力，必須盡最大努力應對。一些供應商甚至可能會拒絕這間公司的業務。另一個實際的考慮是這間公司的鄧白氏（Dun & Bradstreet）評等。這個評等有一部分是根據公司的付款歷史。持續逾期付款的公司，後來在取得貸款時可能會遭遇困難。

我們有一個親身經歷的故事可以說明這一點。在老喬的製造公司設定點成立的初期，公司的創辦人告訴他，「淨30」的意思就是整整 30 天。設定點總是會在 30 天內向供應商付款。創辦人之前曾在一間陷入困境的公司工作，這間公司經常將其應付帳款延遲到 100 天或更久。這導致當時公司的工程師經常無法獲得關鍵專案的零件，直到供應商收到付款。這延遲了專案，進而延遲了專案完成時該領取的收入，因而造成了情況愈來愈糟。根據過去的經驗，設定點的創辦人決定自己的公司絕對不要陷入那樣的處境。

這個政策給老喬帶來了一個問題，因為設定點當時的主要客戶是一間大公司，在 45 到 60 天內付款。所以老喬帶其中一位創辦人去銀行討論信貸額度。他向銀行展示他們可能需要多少現金。銀行回答：「我不知道你為什麼需要這個額度。只要延遲 20 天再付款給供應商就好了。」

創辦人堅定而平靜地說：「如果我延遲向供應商付款，

他們會按時提供我高品質的產品嗎？我需要可以信任的供應商。公司就是要依賴這一點。如果我延遲支付他們 20 天，那會對我和他們的關係產生什麼影響？」

這位年輕的銀行員只是盯著他看。最後，他同意研究一下設定點的信用額度。設定點最後得到了這筆額度，並且在將近 20 年的時間內，供應商一直都在淨 30 天內收到款項，除了少數例外。這個政策使公司花費了一些資金，因為這麼做會提高公司的營運資金需求。但是，雖然這麼做限制了現金流，但設定點的經營者認為，這對公司的聲譽和與供應商的關係產生了正面的影響，長久下來，這有助於公司建立更穩健的企業聲譽。

我們就不詳細介紹應付帳款政策了，因為在大多數公司中，非財務經理對公司支付帳單的速度沒有明顯直接影響。但整體來說，如果你注意到公司的應付帳款周轉天數正在攀升，特別是如果高於你的應收帳款周轉天數，你可能需要向財務人員提出幾個問題。畢竟，你的工作可能取決於與供應商的良好關係，而且，就像設定點的創辦人一樣，你可不希望財務對這些關係造成不必要的傷害。

現金轉換周期

了解營運資金的另一種方法是研究現金轉換周期。它本質上是將生產階段（營運周期）與公司營運資金投資連起來的時程表。時間線有三個級別，你可以在圖表 30-1 中看到這些級別是如何連結的。了解這三個級別及其衡量標準，是

了解業務的有效方法。這應該有助於你做出正確的決定。

從左側開始，公司採購原料。這開始了應付帳款期間和庫存期間。在下一階段，公司必須支付這些原料的費用。這就開始了現金轉換周期——既然現金已經支付了，現在要做的就是看多快能收回來。但是公司仍在庫存期；其實還沒有售出任何產品。

最後公司確實出售了其成品，結束了庫存期。但公司只是進入應收帳款期間；還沒有收到任何現金。最後，公司確實收取了銷售產品的現金，因此結束了應收帳款期和現金轉換周期。

為什麼這一切很重要？因為我們可以使用這個來判斷這一切需要多少天，然後了解公司的現金被占用了多少天。這是經理人和領導者需要了解的重要數字。有了這些資訊後，經理人就有可能找到為公司「節省」大量現金的方法。如果想要弄清楚，請使用以下公式：

現金轉換周期＝應收帳款周轉天數＋庫存天數－應付帳款周轉天數

換句話說，將應收帳款周轉天數，加上存貨天數，然後減去應付帳款周轉天數。這可以讓你知道，從支付應付帳款到收回應收帳款，公司收回現金的速度有多快。

現金轉換周期為你提供了一種計算方法，公司需要融資多少現金：你只需要將每天的銷售額乘以現金轉換周期中的天數。以下就是我們範例公司的計算結果：

應收帳款周轉天數＋存貨周轉天數－應付帳款周轉天數＝現金轉換周期

54 天＋ 74 天－ 55 天＝ 73 天

73 天 ×$24,136,000 銷售額/天數＝ $1,761,928,000

圖表 30-1　現金轉換周期

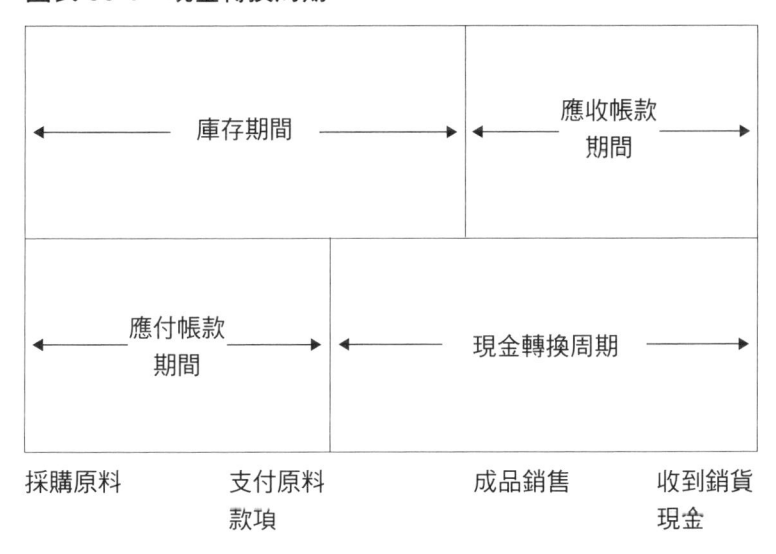

←──── 庫存期間 ────→	←── 應收帳款 期間 ──→
←── 應付帳款 期間 ──→	←──── 現金轉換周期 ────→

採購原料　　　支付原料　　　　成品銷售　　　收到銷貨
　　　　　　　款項　　　　　　　　　　　　　現金

　　這間公司需要大約 18 億美元的營運資金來為其營運提供資金。這對於一間大企業來說並不罕見。即使是小公司，如果現金轉換周期長達 60 天，也需要相對於其銷售額的大量營運資金。任何規模的企業都可能因此陷入困境。泰科國際（本書前面提到過）以在兩年內收購 600 間公司而聞名。這些收購全都帶來了很多挑戰，但其中一項嚴重的挑戰涉及現金轉換周期的大幅增加。

原因是什麼？泰科經常收購同產業的公司，並將同類競爭產品加入產品清單中。這使泰科的庫存中有幾種非常相似的產品，庫存流動速度因此降低，使庫存天數開始失控，使某些業務部分增加了 10 多天。對於一間營收超過 300 億美元的跨國公司來說，庫存天數增加這麼多，可能會耗盡數億美元的現金！（泰科長期以來透過關閉收購管道並專注於業務營運來解決這個問題。）

現金轉換周期可以透過本 Part 討論的所有技巧來縮短：減少應收帳款周轉天數、減少庫存和增加應付帳款周轉天數。了解你公司的周期多長以及發展的方向。你可能想與財務部的員工討論一下。他們甚至可能會很意外你知道這是什麼，以及哪些槓桿可以影響它。更重要的是，你可能會因此開啟討論，這將導致更快的現金轉換周期、更低的營運資金要求和更多的自由現金。這將使公司裡的每個人都受益。

Part 7　知識補給站

應收帳款帳齡

　　想要更有效地管理應收帳款？應收帳款周轉天數並不是唯一需要考慮的指標。另一個被稱為應收帳款帳齡。通常，查看帳齡是了解公司應收帳款真實情況的關鍵。

　　原因如下。正如我們之前提到的，根據定義，應收帳款周轉天數是一個平均值。例如，如果你有 100 萬美元的應收帳款不到 10 天，有 100 萬美元的應收帳款超過 90 天，那麼你的總應收帳款周轉天數約為 50 天。這聽起來還不錯──但事實上，你的公司可能遇到了很大的麻煩，因為它有一半的客戶似乎沒有支付帳單。另一間相同規模的公司應收帳款周轉天數可能是 50 天，而 90 天內只有 25 萬美元。這間公司沒有遇到同樣的麻煩。

　　帳齡分析會提供你以下類型的數字：30 天內的總應收帳款、30 到 60 天的總額等等。為了全面了解你的應收帳款情形，查看這項分析以及你的整體應收帳款周轉天數通常是值得的。

Part
8

財務智商是提高信任感
的終極解方

第31章

財務智商直接影響企業績效

我們寫這本書是希望提高你的財務智商，並幫助你成為更好的領導者、經理或員工。我們堅信，了解財務報表、比率以及我們在書中包含的所有其他內容，將使你工作起來更有效率，並改善你的職業前景。我們還認為，了解企業的財務狀況將使你的職業生涯更有意義。你會先去了解棒球或西洋雙陸棋的遊戲規則，然後才開始玩；做生意也應該是這樣。

了解規則——如何計算獲利、為什麼資產報酬率對股東很重要，以及所有其他規則——可以讓你在企業的大局背景下看待你的工作，並與同事共同努力實現某些目標。你將更清楚地看到公司是如何運作的。你會希望為它有所貢獻，並且你將知道如何貢獻。你將比以前更能評估你的表現，因為你可以看到關鍵數字的移動方向，並了解為什麼這些數字會朝著一個方向或另一個方向移動。

當然，也因為這很有趣。正如我們所展示的，企業的財務成績單在一定程度上反映了現實。但這也是對估計、假設、有根據的猜測，以及由此產生的所有偏見的反映，有時呈現得非常清楚。（有時這些也反映了公然的操縱。）你公

司財務部門的人知道這一切，但是許多人沒有好好與其他人分享他們的知識。現在你可以問他們一些棘手的問題。

他們如何識別特定類別的收入？他們為什麼選擇特定的折舊時間範圍？為什麼庫存天數呈現上升趨勢？當然，他們聽到非財務部同事說他們的語言一開始會很意外，但當他們習慣後，幾乎肯定會願意討論他們的假設和估計的基礎，並在適當的時候進行修改。他們甚至可能開始徵求你的建議。

用財務智商打造更好的公司

我們還相信，當財務智商較高時，企業的表現會更好。畢竟，健全的企業是一件好事。健全的企業為客戶提供有價值的商品和服務，為員工提供穩定的工作、加薪和晉陞機會，還為股東帶來了豐厚的報酬。整體而言，健全的企業有助於我們的經濟成長、維持我們的社區強大，並提升我們的生活水準。

財務智商高的經理人有助於企業的穩健發展，因為他們可以做出更好的決策，利用自己的知識來幫助公司成功；他們能更明智地管理資源，更敏銳地使用財務資訊，進而提高公司的獲利能力和現金流；他們也更了解事情發生的原因，並且為管理提供協助，而不只是擔心高階經營團隊有多麼被誤導。例如，我們就曾經用公司的實際財務狀況來指導業務主管。當我們取得現金流量表，並向他們展示公司的現金流是如何在透過收購來追求成長的過程中被耗盡時，其中一位業務主管面露微笑。

我們問他為什麼微笑，他就直接笑了出來。他說：「我花了很多時間在與部門的業務副總裁爭論。原因是，他們改變了佣金規定。我們過去是按銷售金額領取薪酬的，現在則是收款時領取。現在我終於明白這個改變的原因了。」他繼續解釋說，他同意公司採取透過收購來成長的策略，也真的不介意公司藉由改變佣金規定來支援這個策略。他只是以前一直不了解原因。

從另一個意義上來說，**財務智商也有助於使企業更健全**。現在許多公司都受到人事鬥爭和權力的影響。他們獎勵那些討好上級並在幕後搞小圈圈的人。公司裡充斥著八卦和不信任；當人們忙著確保自己的利益時，就會失去共同的目標。在最壞的情況下，這種環境會變得真正有害。我們曾合作過一間公司，員工認為只有在大聲抱怨他們不滿的那幾年，公司才會發放紅利獎金。他們認為，分享紅利的目的是要讓他們不要表達意見。實際上，該公司有一個相當簡單的方案，將員工的努力反映在季度的紅利支票，但是政策因素導致員工從來不相信這個方案是真實的。

人事鬥爭有一劑簡單的解藥：陽光、透明和開放的溝通。**當人們了解公司的目標並努力實現這些目標時，就更容易建立一個以信任感和團隊感為基礎的組織**。從長遠來看，這種組織總是比不那麼開放的組織更成功。當然，像安隆、世界通訊或雷曼兄弟這樣的企業，可以在充滿祕密、自私的管理下繁榮一段時間。

但是一個長期成功的組織幾乎總是建立在信任、溝通和共同目標感的基礎上。財務培訓——財務智商的提升——可

以產生很大的影響。在公司裡，員工們認為分享獲利的目的是為了讓他們不要表達不滿，而那些接受培訓的人卻了解到這個方案的真正運作方式。於是將精力集中在自己可影響的數字上，因此他們每一季都會收到一張紅利支票。

最後，精通財務的經理可以更快地對意外情況做出反應。《作戰》（Warfighting，無中譯版）是一本知名的書，由美國海軍陸戰隊軍官所編寫，於 1989 年首次出版後就成為各種特種部隊的聖經。這本書的一個主題是，陸戰隊在戰鬥中總是面臨不確定性和快速變化的情況[1]。他們往往無法依賴上級的指示；所以他們必須自己做出決定。因此，指揮官必須闡明目標的大方向，然後將執行的決定留給戰場上的低階軍官和一般陸戰隊員。

對於身處多變商業環境中的企業來說，這是一個同樣有價值的教訓。經理們必須在不諮詢上級的情況下做出大量日常決策。如果他們了解正在處理的財務數字，就可以更快、更有效地做出這些決策。公司的績效（就像陸戰部隊出勤時的表現一樣）就會強得多。

將財務智商落實在日常工作中

這裡還有下一步。如果經理了解財務，對部門來說會有所影響，那麼請想像一下，如果一個部門裡的每個人──甚至是公司的每個人──都了解，那將會有多大的不同。

同樣的邏輯也適用：如果辦公室、商店和倉庫、店面和客戶所在地的員工，了解他們的部門是如何被衡量的，以及

他們日常工作造成的財務影響,他們就可以做出更明智的決策。他們應該退回損壞的零件還是使用新的零件?他們應該快速工作以盡可能完成最多工作,還是更專注於工作以確保較少錯誤?他們應該花時間開發新的服務,還是培養與服務現有客戶?擁有客戶可能需要的一切有多重要?與陸戰隊員一樣,一線員工和主管應該大致了解組織的需要,讓他們能夠更聰明地工作。

當然,企業理解這個概念,近年來,它們已經向員工和主管們灌輸了大量的績效目標、關鍵績效指標(KPI)以及其他衡量標準。也許你就是那個負責頒布 KPI 的人,如果是這樣,你應該知道,通常會伴隨著不少翻白眼和搖頭,尤其是當這一季的 KPI 和上季的不同時。但如果前線員工理解了這些 KPI 或績效目標背後的財務邏輯呢?如果他們理解,這一季的 KPI 之所以改變,不是某位高層隨便決定的,而是因為公司的財務狀況出現變化呢?就像前文提及的那位業務主管一樣,只要能理解變動的原因,大多數人都願意適應新的情況;如果他們不理解,就會懷疑經營團隊是否真正知道自己在做什麼。

正如管理者的財務智商可以提高企業的績效一樣,員工的財務智商也是。例如,有效組織中心(Center for Effective Organizations)進行了一項研究,研究了員工參與度的許多衡量標準(還有其他項目)[2]。其中兩項特別的衡量標準是「分享有關業務績效、計畫和目標的資訊」和培訓員工「理解業務的技能」。這兩個標準都與生產力、客戶滿意度、品質、速度、獲利能力、競爭力和員工滿意度呈正相關。換句

話說，組織對員工進行財務知識培訓的次數愈多，組織的表現就愈好。

其他管理方面的研究者，包括丹尼爾‧丹尼森（Daniel R. Denison）、彼得‧杜拉克（Peter Drucker）和傑夫‧費佛（Jeffrey Pfeffer），他們都研究並支持這樣的觀點，也就是員工對業務的了解愈多，業務表現就愈好。這些研究發現應該都不令人意外。當人們了解狀況時，對組織的信任度就會提高、失誤率會下降、更有動機且更投入。當員工對公司更信任、更有動機和更投入，誰會懷疑這能帶來更好的績效？

本書的其中一位作者老喬就親眼目睹了這些現象。他和合夥人花了數年時間從頭開始建立設定點這間公司。就像每間新創公司一樣，設定點經歷了週期性的困難和危機，公司的會計師不止一次告訴老喬，公司若再經歷一段動盪時期就無法生存下來。但不知為什麼，它總是能撐過去。最後，這位會計師向老喬坦白說：「告訴你哦，我認為你之所以能度過這些困難時期，是因為你培訓員工並與他們分享財務資訊。在困難的時期，全公司就團結起來設法度過難關。」

那位會計師說得沒錯：員工都確切知道公司的狀況。分享財務資訊並協助下屬和同事理解，是在公司中建立共同目標的一種方式。這營造了一個團隊合作可以生存和茁壯的環境。更重要的是，當所有人都能看到財務的詳情時，任何人都很難作假帳。

當然，只是分享財務資訊是不夠的。人們必須具備財務知識，而這通常需要培訓。這可能就是為什麼現在愈來愈多的公司，將財務知識的培訓列入其教育訓練的一部分。一些

培訓課程是必修的；有些是選修。所有人都專注於一個理念：如果員工、經理人和經營者了解如何衡量財務成功，公司就會更加成功。

有很多方法可以提高財務智商，無論是團隊、部門、分部還是整間公司都可以。我們的組織名稱是商業素養學院，不只是向經營和管理團隊傳授知識，也向業務人員、人力資源和資訊人員、營運人員、工程師、專案經理和其他人，傳授他們公司的財務知識。下一章將提供一些有關如何提高組織中財務智商的具體想法。

第32章

提升公司內部的財務智商

如果你的目標是擁有一個財務智商高的工作場所或部門,那麼你的第一步就是找出實現這個目標的策略。我們用「策略」這個詞,但我們可不是隨便說說的。你不能只提供一次性的培訓課程或發給員工一本說明書,就期望每個人都能得到啟發。人們需要參與學習。這些資料需要重複學習,然後以不同的方式重新審視。財務智商應成為公司文化的一部分。這需要花費時間、心力,甚至需要一點金錢投資。

但這絕對是可行的。在本章中,我們將為小型和大型企業提供一些建議。但是你不需要將自己局限於其中一個類別。所有建議在這兩種情況下都有效;差異通常是後勤和預算的問題。例如,大企業習慣於制定正式的培訓計畫,而小企業則可能需要即興發揮。小企業可能沒有太多資金可以花在培訓上——儘管我們認為這是少數對獲利有直接影響的培訓方案之一。

小企業的工具和技術

這個清單所列出的絕對不是唯一的工具和技術，但這些都是任何經理人或企業主都可以很容易主動採取的措施。

反覆訓練

首先，籌辦三個簡短、非正式的培訓課程。我們說的並不是任何花俏的東西：就算只是提供一些講義，以 PowerPoint 投影片說明也可以（但是我們要提醒你，PowerPoint 投影片並非總是有利於持久的學習！）每次課程應持續 30 到 60 分鐘。每節課只介紹一個財務概念。例如，老喬在設定點公司開設了三門一小時的課程——教授損益表、現金流和項目財務以及資產負債表。根據你的情況，你可能要查看毛利率、銷售支出占營收的百分比，甚至是庫存周轉率。這個概念應該與團隊的工作相關，你應該讓人們知道這些對數字有什麼樣的影響。

定期提供這些課程，也許每月一次。如果員工願意，也可以參加兩到三次——人們通常需要較長時間才能理解。鼓勵你的直屬部屬全部出席課程。**創造一個環境，告訴參與者，你相信他們是公司成功的重要成員，而且你希望他們參與其中**。最後，你可以請其他人指導課程——這是他們學習這些內容的好方法，他們的教學風格可能與你的教學風格完全不同，而且你教不會的人他們可以教得會。

每週的「數字」會議

衡量你單位每週和每月表現的兩、三個數字是什麼？你

自己觀察的兩、三個數字是什麼，以了解你身為經理是否做得好？出貨？銷售量？計費小時數？績效與預算的百分比？你留意的關鍵數字很可能以某種方式與公司的財務報表相關，因此最終會影響其結果。因此，開始在每週的會議上與團隊分享這些數字。解釋這些數字是怎麼來的、為什麼重要，以及團隊中的每個人如何影響這些數字。追蹤一段時間內的趨勢線。

你知道會發生什麼事嗎？**員工很快就會開始談論這些數字本身。他們將開始想辦法將工作推向正確的方向。**一旦這種情況開始發生，請試著提升到一個新的高度：預測下個月或下一季的數字。你會很驚訝地發現，當員工的名譽與預測連結時，他們就會重視這些預測的數字。（我們甚至看到一些公司的員工開賭盤，押注某個數字在某個月或某一季的結果！）

強化：記分牌和其他視覺輔助工具

企業高階經理人在自己的電腦上都會設定一個「儀表板」，來顯示公司在任何特定時刻的績效指標，是現在很流行的事。

我們總是想知道為什麼小企業和營運單位沒有公開這些資訊讓所有員工看到，所以我們不只建議在**會議上討論關鍵的數字和一般數字**，也會建議將這些張貼在記分牌上，並將過去的表現與現在的表現和未來的預測進行比較。當數字公開來讓每個人都能看到時，人們就會很難忘記或忽略。但請記住，小圖表很容易被忽略──如果可以忽略，人們就會忽

略它。與你自己的儀表板一樣,確保記分牌清楚、直接,而且所有人都能看得到。

我們也喜歡使用視覺輔助工具,來提醒大家公司是如何賺錢的。這些工具為日常關注的關鍵數字提供了背景。我們公司自行開發了一種被稱為「金錢地圖」的工具,用來說明一些主題,例如利潤來自哪裡。運用金錢地圖,可以追蹤公司的完整業務流程,顯示每一筆銷售額中,有多少用於支付各部門的費用,並顯示出剩下的利潤。我們會根據客戶的需求客製化這張地圖,讓每個人都能看到公司內部的各個營運環節。

如果你對資料足夠熟悉,你也可以自己畫地圖和圖表。視覺工具始終是強有力的學習加強工具。當人們觀看它時,能夠提醒他們自己在整體中扮演的角色。地圖與圖表非常實用,我們知道的一家公司會公開兩張相同的地圖,第一張顯示公司的目標數字──其最佳分店的表現;另一張則由經理們寫下自己分店的實際數字。人們可以看到每一個關鍵指標,了解他們的表現與最佳分店的差距。

▎提升大企業的財務智商

我們與數十間《財星》500大企業合作,幫助他們提高組織的財務智商。我們的每個客戶似乎都以不同的方式做事,視他們的目標和企業文化而定。

當然,許多大企業會依賴其他外部培訓師,或建立自己的財務素養訓練課程。所以我們不會規定太多細節。相反

地,我們會利用自己的經驗,提供能使培訓更佳有效的條件和假設。

經營團隊的支持

提高人們的財務智商,對許多大型組織來說都是全新的想法,我們經常會遇到許多的懷疑甚至是批評者。(「為什麼每個人都應該了解財務──這是會計部門的工作,不是嗎?」)這就是為什麼財務培訓方案可能需要高層的支持。**這種支持愈強,整個組織的人就愈有可能接受這個想法**。假如「長」字輩(執行長、財務長等)的高階經理人認為這是不可或缺的,便能有效影響公司文化。這些企業年復一年地教育員工,有些人每年都參與這門課以複習知識。有些企業甚至增加了新的課程來提升他們的經營者和經理的知識。

來自高層的支持也鼓勵其他人為這個提議提出想法。例如,當我們與客戶合作時,會根據客戶的關鍵概念、衡量標準和財務結果,客製化指導內容。要規劃這種課程,需要各個部門的人的協助,尤其是財務部門。如果財務人員了解這個課程獲得組織高層的全面支持,他們通常會更樂於合作。

假設和後續行動

有效培訓的　大障礙是假設(在許多大公司中很常見)擔任負責職位的人已經了解財務。這種假設的典型說法可能是:「查理擔任業務副總裁這麼久了,他當然知道如何閱讀我們的財務狀況。」我們從經驗中知道,這種假設很少是正確的。許多經理人和經營者把他們的工作做得夠好,但是因

為他們沒有真正了解財務指標以及他們的工作如何影響這些指標，使他們的營運管理能力遠低於其完整的潛力。回想一下我們給一大群美國經理人的 21 個問題的財務測驗。正如我們在第 3 章中指出的，結果顯示他們的財務智商非常低。所以要小心，不要假設每個人都能理解。要先評估。

讓人們承認自己不懂財務也很困難。沒有人願意在同事、老闆或直接下屬面前顯得愚蠢。因此，要求人們舉手自願參加課程並沒有意義。相反地，我們幾乎總是在每門課中都包含財務的基礎要素──請注意，我們稱之為「基礎」，而不是「基本」──然後我們的主持人會評估小組的需求，以確定從哪裡開始。一些公司要求每個人都參加（因此從來沒有出現過某人是否「需要」培訓的問題）；其他人舉辦不跨級別的課程，前提是在房間裡沒有老闆或直接下屬的情況下，參與者會比較自在而願意提問。

困擾許多培訓課程的另一個問題是缺乏後續課程。大多數大公司經常推出新的課程，還會透過各種職位，讓經理輪替，所以財務智商持續發展的培訓可能就浪費掉了。在大型組織中確保財務智商的最佳方式，就是確保對話繼續進行。高階經理人可以在會議上討論這些數字。如果是上市公司，他們可以要求員工收聽季報法說會，然後參與法說會後的問答環節。公司的領導者需要利用一切機會，讓每個人都知道財務知識的重要性。

實用性

當客戶要求培訓課程時，我們自然會詢問公司想要達到

什麼目標,以及接受培訓的員工需求可能是什麼。然後,我們會集中在三個實際的問題:

- 你想要誰出席課程?
- 我們應該教授什麼內容?
- 我們應該如何展開課程?

這些討論為課程的成功規劃和實施奠定了基礎。

參加的對象有時是提前確定的。舉例來說,一些客戶將財務智商課程加入到他們的領導力或管理發展課程中。但許多客戶從一組人開始,看看情況如何,然後決定將課程推廣給其他人。有些組織首先提供最高階經理人的培訓,然後是針對中階經理人的課程,然後是針對所有員工的培訓。這麼做的邏輯是,公司領導者可以支持經理人,經理人可以支持組織的其他部分。其他人將與來自不同級別的人混在一起。這有助於進行良好的討論,並營造出一種每個人都在一起的感覺。缺點是,當主管和他們在一起時,一線員工可能會覺得不敢提問。還有一些公司依照職能推出培訓課程——首先是人資,然後是資訊人員等等——而有些公司則只允許公開登記。

要教什麼顯然是一個關鍵的決定,答案則必須要視各個公司的需求而定。以下是一些主要考量的事項:

- **不要以為你可以忽略任何聽眾的基礎,甚至是公司領導者的基礎**。我們總是教授基礎內容,差別只在於在

更高或更低級別。很少有領導者或經理人會真正告訴你，他們需要複習這些內容。我們所說的基礎是指，如何閱讀損益表和資產負債表、認列收入的含義，以及資本化和費用化之間的區別等等。

- **整合你的主要衡量指標與概念。**這是參與課程的人了解執行長和財務長在談什麼的機會。自由現金流、EBITDA 或其他一些衡量標準，在這個產業和這間公司重要嗎？如果是，那就教。複習定義、要點、公式和公司自己的結果。

- **判斷參與者的需求。**如果你正在與業務員合作，你可能需要查看他們客戶的財務狀況。這將有助於他們學習如何從財務的角度評估客戶需求。如果你與人力資源部門員工合作，你可能希望注意人資對財務狀況的影響（特別是因為許多人資認為自己根本不會產生任何影響）。

在這些方法中，你必須記住一些與成人學習方式有關的重要戒律。當教師將概念學習與使用實際數字的計算相結合、解釋結果的含義，並引導討論其影響時，成人的學習效果最好。

我們敢說你會聽到一些令人驚奇的事情，例如有關如何減少停工時間或改善現金流的新想法。當公司內部人員了解全局，並了解所學的內容如何與工作及其對公司業績

的影響相關聯時,他們就會密切注意。保持教學重點突出,讓學習變得有趣——記住,課程的目標不是要把任何人變成會計師!

最後的想法:分享資訊的問題

分享財務資訊讓很多人感到緊張,這是有很好的理由的。上市公司不能在不違反內線交易規則的情況下,分享非公開財務數據。非上市公司的業主可能會覺得,除了稅務機關之外,沒有人有權查看財務資料,就像沒有人有權查看他們的個人銀行帳戶一樣。以下是根據我們與大量客戶打交道的經驗,對這個問題提出的一些想法。

上市公司在其年報和季報中發布大量資訊。在我們的課程中,我們使用的大部分數字直接出自企業年報內容。但我們通常也會要求客戶分享更多資訊,使參與者了解他們需要什麼——例如,未公開分享的指標,或以有用的方式細分資料的內部損益表,或內部討論但未與外部分享的關鍵概念。我們對資料保密,並與參與者討論保密的重要性。有時公司高階經理人會擔心,競爭對手會得到這些資訊。但財務培訓課程很少包含對競爭對手有利的資料。畢竟,競爭對手不太可能因看到其他公司用於總資金報酬率的公式而獲利。

對非上市公司來說,分享什麼以及如何分享的問題其實更困難。當然,有些人並不介意分享。對於那些確實有顧慮的人,我們通常建議分享資訊,但課程後再收回講義,這樣資料洩露的可能性就很小。有時客戶決定以準確反映趨勢和比率的方式更改數據,而不透露真實的數字。在這種情況

下,重要的是讓受培訓者了解數字已經被修改掉了。最糟糕的方法則是編造資訊,並假裝它是真實的——這麼做就破壞了信任。

無論你採用什麼方法,都不要害怕實驗。提高組織中的財務智商可以帶來很多好處。

第33章

財務透明：我們的終極目標

　　財務培訓對接受培訓的人和出資培訓的公司來說都是有價值的。但是現在即使是這樣也可能還不夠。

　　原因是什麼？近年來，人們可能沒有學到很多關於財務的知識，但他們肯定已經了解到，他們不應將雇主的財務穩定性視為理所當然。太多大公司倒閉或被收購方以低價收購（通常會導致大量工作流失）。有太多的公司被證明在作假帳，這通常會給公司的雇員帶來毀滅性的後果。全國各地的人們都學到了教訓：他們應該了解自己所任職公司的財務狀況，而且有非常實際的理由要這麼做。與投資人一樣，他們需要了解公司的情況。

　　因此，想想真正的財務透明和財務智商文化可以帶來什麼——在這種文化中，世界各地的人們都能真正看到並學會理解財務報表。我們並不期望每個人都成為華爾街的分析師或會計師，只是認為，**如果有財務資料，並且反覆解釋關鍵概念，每一位員工都會更加信任公司，也更加忠誠，公司也會因此而變得更好**。可以肯定的是，上市公司不能向員工展示合併的財務狀況，僅能每季一次向大眾發布資訊。但他們

肯定可以在這些財務資料發布時重點解釋這些財務數據。同時，他們可以確保員工看到所屬部門或設施的營運情況數字。

可以看得出來，我們堅信知識的力量。在商業方面，我們堅信財務知識的力量，以及實踐財務知識所需的素養。財務資訊是企業的中樞神經系統。財務包含了顯示企業發展情況的資料——優勢在哪裡，劣勢在哪裡，以及公司的機會和威脅在哪裡。長期以來，每間公司中只有少數人能夠理解財務資料所傳達的資訊。我們認為應該要有更多人了解它——從經理開始，最終擴展到所有員工。人們會因為對財務的了解而變得更好，公司也是。

Part 8　知識補給站

沙班氏－歐克斯利法案

如果你的職務與財務部門較相關，你一定聽說過沙班氏－歐克斯利法案（Sarbanes-Oxley，又稱為 Sarbox 或簡稱 Sox）。沙班氏－歐克斯利法案是美國國會於 2002 年 7 月頒布的一項法律，旨在應對不斷揭露的財務詐欺行為。這可能是自 1930 年代初的美國證券法頒布以來，影響公司治理、財務披露和公共會計的最重要立法。這個法條旨在透過加強財務報告控制和對違規行為的處罰，來提高民眾對金融市場的信心。

沙班氏－歐克斯利法案的規定幾乎影響到所有與財務相關的人（以及大多數營運人員）。這條法律建立了上市公司會計監督委員會。它禁止會計師事務所向客戶出售審計和非審計服務，並要求公司董事會至少必須包含一名財務專家董事，以及要求董事會審計委員會制定程序，以便員工可以祕密向董事通報會計詐欺。沙班氏－歐克斯利法案規定，公司不能解雇、降職或騷擾試圖報告可疑財務詐欺的員工。

執行長和財務長深受法律的限制。這些官員必須證明其公司的季報和年報，證明他們負責披露和控管程序，並確認財務報表不包含虛假陳述。現在，我們合作的大多數公司每一季都有廣泛的審批和簽字程序。由於執行長和財務長都必須對財務負責，他們通常希望每個部門主管都為自己的部門

簽字負責。事實上，需要簽字可能會向下延伸幾個級別。

根據法律，如果故意扭曲財務結果，則可能會被罰款和坐牢。此外，法律禁止公司向高階經理人和董事提供或擔保個人貸款。（非營利組織企業圖書館研究小組〔Corporate Library Research Group〕的一項研究發現，2001年，就在該法律頒布之前，公司貸款給高階經理人超過45億美元，而且往往沒有利息或利息很低。）它還要求執行長和財務長在他們的公司因不當行為而被迫重述財務績效時，返還某些獎金和認股權的獲利。

沙班氏－歐克斯利法案要求公司加強其內部控制。他們必須在向股東提交的年度報告中包括一份「內部控制報告」，說明經營團隊在維持對財務報告的充分控制方面的責任，並就控制的有效性陳述結論。此外，經營團隊必須快速、及時地披露有關公司財務狀況或營運發生重大變化的資訊。

沙班氏－歐克斯利法案迫使上市公司對其財務報表承擔更多責任，並可能降低未被發現的詐欺的可能性。但是實施起來非常昂貴。一般企業要花的平均成本為500萬美元；對於像是奇異電器這樣的大企業來說，可能高達3,000萬美元。

附　錄

財務資料範例

以下是一間我們虛構出來的公司財務資料範例。

圖表 34-1　某間虛構公司的損益表

損益表
（單位為百萬）

	截至 2012 年 12 月 31 日的年度
銷售額	$8,689
銷貨成本	6,756
毛利	**$1,933**
業務、一般和管理費用	$1,061
折舊	239
其他收入	19
息稅前盈餘	**$652**
利息支出	191
稅額	213
淨利	**$ 248**

圖表 34-2　某間虛構公司的資產負債表

資產負債表
（單位為百萬）

	12/31/2012	12/31/2011
資產		
現金與約當現金	$83	$72
應收帳款	1,312	1,204
庫存	1,270	1,514
其他流動資產和應計項目	85	67
總流動資產	2,750	2,857
不動產、廠房和設備	2,230	2,264
其他長期資產	213	233
總資產	**$5,193**	**$5,354**
負債		
應付帳款	$1,022	$1,129
信用額度	100	150
一年內到期長期負債	52	51
流動負債總額	1,174	1,330
長期負債	1,037	1,158
其他長期負債	525	491
總負債	**$2,736**	**$2,979**

股東權益

普通股,面值 1 美元(2012 及 2011 年,授權 1 億股,7,400 萬股在外流通)	$74	$74
追加實收資本	1,110	1,110
保留盈餘	1,273	1,191
股東權益總額	**$2,457**	**$2,375**
負債和股東權益總額	**$5,193**	**$5,354**

2012年註腳:

折舊	*$239*
普通股數(單位為百萬)	*74*
每股盈餘	*$3.35*
每股股利	*$2.24*

圖表34-3　某間虛構公司的現金流量表

現金流量表
(以百萬計)

截至 2012 年 12 月 31 日的年度

經營活動產生的現金

淨利	$248
折舊	239

應收帳款	（108）
庫存	244
其他流動資產	（18）
應付帳款	（107）
營運現金	**$498**

用於投資的現金	
不動產、廠房和設備	$（205）
其他長期資產	20
投資用的現金	**$（185）**

融資的現金	$（50）
信貸額度	1
一年內到期長期負債	（121）
其他長期負債	34
股東權益	（166）
融資的現金	**$（302）**

現金的變動	11
期初現金	72
期末現金	**$83**

附　註

第 1 章

1. Deloitte Forensic Center, *Ten Things About Financial Statement Fraud: A Review of SEC Enforcement Releases, 2000–2006* (June 2007), http://www.deloitte.com/view/en_US/us/Services/Financial-Advisory-Services/Forensic-Center/5ac81266d7115210VgnVCM100000ba42f00aRCRD.htm.

第 3 章

1. 詳細資訊，請參閱我們的文章：" Are Your People Financially Literate?" *Harvard Business Review*, October 2009, 28.
2. Mike France, "Why Bernie Before Kenny-Boy?" *BusinessWeek*, March 15, 2004, 37.

第 4 章

1. Michael Rapoport, "U.S. Firms Clash Over Accounting Rules," *Wall Street Journal*, July 6, 2011.

第 6 章

1. H. Thomas Johnson and Robert S. Kaplan, *Relevance Lost: The Rise and Fall of Management Accounting* (Boston: Harvard Business School Press, 1991).

第 7 章

1. 請參閱："Vitesse Semiconductor Announces Results of the Review by the Special Committee of the Board," *Business Wire*, December 19, 2006; U.S. Securities and Exchange Commission, Litigation Release No. 21769, December 10, 2010；以及 Accounting and Auditing Enforcement Release

No. 3217, December 10, 2010, "SEC Charges Vitesse Semiconductor Corporation and Four Former Vitesse Executives in Revenue Recognition and Options Backdating Schemes."。

第 8 章

1. Randall Smith and Steven Lipin, "Odd Numbers: Are Companies Using Restructuring Costs to Fudge the Figures?" *Wall Street Journal*, January 30, 1996.

第 9 章

1. 如需簡短的摘要，請參閱 Kathleen Day, "Study Finds 'Extensive' Fraud at Fannie Mae," *Washington Post*, May 24, 2006。

第 11 章

1. Manjeet Kripalani, "India's Madoff? Satyam Scandal Rocks Outsourcing Industry," *Bloomberg Business Week*, January 7, 2009.

第 25 章

1. Bo Burlingham, *Small Giants: Companies That Choose to Be Great Instead of Big* (New York: Portfolio, 2007).
2. 請參閱：Chris Zook and James Allen, *Repeatability: Build Enduring Businesses for a World of Constant Change* (Boston: Harvard Business Review Press, 2012)。

第 31 章

1. U.S. Marine Corps Staff, *Warfighting* (New York: Crown Business, 1995).
2. Edward E. Lawler, Susan A. Mohrman, and Gerald E. Ledford, "Creating High Performance Organizations" (Los Angeles: Center for Effective Organizations, Marshall School of Business, University of Southern California, 1995).

致　謝

我們是凱倫和喬，我們兩人已經合作超過 12 年了。我們的合作夥伴關係始於一次會議上的偶然相遇，一段時間過後，我們成為商業素養學院的共同經營者，現在成為本書的共同作者。多年來，我們遇到許多對我們的思想和工作產生影響的人，與他們一起工作並分享經驗。這本書是我們的教育、工作和管理經驗、研究、夥伴關係，以及我們從與成千上萬的員工、經理人和領導者的合作中學到的一切的結晶。

凱倫在為她的論文進行研究時首次遇到約翰。他過去和現在都是開卷管理方面的傑出專家之一，也是一位備受尊敬的商業作家。多年來，我們一直保持聯絡，並且總是對彼此的工作感興趣。當約翰想加入這個專案時，凱倫很高興。他一直是團隊中不可或缺的一部分。

在此列出許多其他協助這本書出版的人，包括：

- 本書第一版的讀者。在我們寫第一本書時，我們就知道需要一本務實、符合現狀的財務書籍。但我們不知道我們寫的書會成為暢銷！之所以能出第二版，部分原因是太多第一版的讀者向人推薦這本書、分享這本書，並買了這本書送給他們知道可以從中受益的人。

- Bo Burlingham,《Inc.》雜誌的特約編輯,精彩著作《小,是我故意的》(Small Giants)的作者,並與 Jack Stack 合著了《商業大博弈》(The Great Game of Business,無中譯版)和《你的企業,我的事業》(A Stake in the Outcome)。Bo 慷慨地與我們分享了他和老喬為另一個專案收集的資料,包含關於財務作假的研究和寫作。

- Joe Cornwell 和 Joe VanDenBerghe,設定點的創辦人(設定點公司簡稱他們為「幾位老喬」)。我們感謝他們向每個人傳授財務知識的信念,以及他們不懈的努力,鼓勵設定點的每個人都積極參與公司的成功。我們還要感謝設定點的現任執行長 Brad Angus,他擔任第二版的顧問,提供了極大的幫助。我們很高興他們讓我們講述一些設定點故事。我們還要感謝 Reid Leland(LeanWerks 的業主)、Mark Coy、Machel Jackson、Jason Munns、Steve Neutzman、Kara Smith、Roger Thomas 以及所有設定點的員工,感謝他們幫助我們改進財務智商方法。如果你來到猶他州,應該造訪設定點,這間公司的系統運作良好,你會看到財務智商和心有靈犀(psychic ownership)的運作。我們相信,這間公司員工對業務的深入了解以及他們對業務成功所付出的努力,會令你感到驚訝。

- 我們在商業素養學院的客戶。因為他們對財務知識

的投入，我們能夠在許多組織中傳播財務知識。不可能感謝他們所有人，但在撰寫第二版期間為我們加油的人包括 Heidi Flaherty 和 Advent 的團隊；the Association of General Contractors、CVS Caremark 的 Cheryl Mackie；Electronic Arts 的 Andy Billings；Jeff Detrick、Michael Guarnieri、Ellie Murphy 以及奇異電器的整個團隊；Goodrich 的 Valorie McClelland 和 Ginny Hoverman；Jim Roberts、Tom Case、Ron Gatto、Catherine Hambley 和 Granite Construction 的團隊；灣流的 Tiffany Keller、Harvard Vanguard 的 Tanya Chermack；獨立大學書店協會；供應管理學院的 Becky Nawrocki；Kraton 的 Gayle Tomlinson；MacDermid Incorporated 的 Michael Sigmund；全國廣播公司協會的 Michelle Duke 和 Anne Frenette；Steve Capas、David Pietrycha、Christy Shibata、Mary von Herrmann 以及 NBC 新聞和 NBC 環球的團隊；Sierra Wireless 的 Manu Varma；人力資源管理協會；矽谷銀行的 Meghan O'Leary 和 Stacy Pell；Smile Brands 的 Beth Goldstein；Viasat 的 Melinda Del Toro 和 Ron Wangerin；和 Visa 的 Mariela Saravia。

- 我們在商業素養學院的同事。我們的協調團隊——Jim Bado、Cathy Ivancic、Hovig Tchalian 和 Ed Westfield——都是頂尖的培訓師，他們有自己獨特的風格，向他們學習成為一種豐富的體驗。Stephanie

Wexler 是客戶服務經理；她的專業精神使我們的專案步入正軌。培訓課程發展經理 Judy Golove 確保我們所有的培訓課程都具有最高品質。Kara Smith 還從事培訓開發工作，與 Judy 一起保持我們的課程一流。Sharon Maas 在商業素養方面的廣泛知識體現在我們定制的培訓計劃內容中。我們的業務開發經理 Brad Angus 毫不疲倦地工作，以確保我們滿足客戶的需求。Kathy Hoye 是團隊的行政助理，負責確保一切順利進行。

- Dave Merrill，為我們的「金錢地圖」畫插圖的創意藝術家。他能夠將我們最初的粗略想法化為現實，這是一種真正的天賦。

- Jonathan Troper 和聯合國際大學（Alliant International University）馬歇爾戈德史密斯管理學院（Marshall Goldsmith School of Management）的團隊，他們與我們合作進行了一項全國性研究，評估美國企業經理人和領導者的財務智商。我們仰賴他們的專業知識，以確保財務智商測驗以及我們的方法在統計上有效且可靠，為我們提供有關美國企業經理人和領導者在財務智商方面所處位置的準確資料。

- 我們的經紀人 James Levine。

- 我們的編輯 Tim Sullivan；以及哈佛商業評論出版社團隊的其他成員，特別感謝 Julie Devoll。

- 以及一路上幫助我們的所有其他人員，包括 Helen 和 Gene Berman、Tony Bonenfant、Kelin Gersick、Larry 和 Jewel Knight、Nellie Lal、Michael Lee 以及主要圖形團隊、Don Mankin、Philomena McAndrew、Alen Miller、Loren Roberts、Marlin Shelley、Brian Shore、Roberta Wolff、Paige Woodward、Joanne Worrell 和 Brian Zander。我們衷心感謝所有人。

金頭腦
百大企業經理人必學的財報獲利課
暢銷20年商管巨作！頂尖企業顧問教你看懂財報的33個關鍵，
打造真正能賺錢的公司

2025年4月初版	定價：新臺幣480元
有著作權‧翻印必究	
Printed in Taiwan.	

著　　者	Karen Berman	
	Joe Knight	
	John Case	
譯　　者	呂　佩　憶	
叢書主編	林　映　華	
副總編輯	陳　永　芬	
校　　對	蔡　佳　叾	
內文排版	顏　麟　驊	
	綠　貝　殼	
封面設計	萬　勝　安	

出　版　者	聯經出版事業股份有限公司	編務總監	陳　逸　華
地　　　址	新北市汐止區大同路一段369號1樓	副總經理	王　聰　威
叢書主編電話	(02)86925588轉5306	總　經　理	陳　芝　宇
台北聯經書房	台 北 市 新 生 南 路 三 段 9 4 號	社　　　長	羅　國　俊
電　　　話	(0 2) 2 3 6 2 0 3 0 8	發　行　人	林　載　爵
郵政劃撥帳戶第0100559-3號			
郵　撥　電　話	(0 2) 2 3 6 2 0 3 0 8		
印　刷　者	文聯彩色製版印刷有限公司		
總　經　銷	聯 合 發 行 股 份 有 限 公 司		
發　行　所	新北市新店區寶橋路235巷6弄6號2樓		
電　　　話	(0 2) 2 9 1 7 8 0 2 2		

行政院新聞局出版事業登記證局版臺業字第0130號

本書如有缺頁，破損，倒裝請寄回台北聯經書房更換。　ISBN 978-957-08-7639-0 (平裝)
聯經網址：www.linkingbooks.com.tw
電子信箱：linking@udngroup.com

FINANCIAL INTELLIGENCE, REVISED EDITION: A Manager's Guide to Knowing What
the Numbers Really Mean
by Karen Berman, Joe Knight, and John Case
Original work copyright 2013 Business Literacy Institute, Inc.
Published by arrangement with Harvard Business Review Press through Bardon-Chinese
Media Agency
Unauthorized duplication or distribution of this work constitutes copyright infringement.
Complex Chinese translation copyright © 2025
by Linking Publishing Co., Ltd.
All rights reserved.

國家圖書館出版品預行編目資料

百大企業經理人必學的財報獲利課：暢銷20年商管巨作！
頂尖企業顧問教你看懂財報的33個關鍵，打造真正能賺錢的公司/
Karen Berman、Joe Knight、John Case著．呂佩憶譯．初版．新北市．聯經．
2025年4月．336面．14.8×21公分（金頭腦）
ISBN 978-957-08-7639-0（平裝）

1.CST：財務報表　2.CST：財務管理

495.4　　　　　　　　　　　　　　　　　　　　　　　114002932